U0363388

国家出版基金项目
NATIONAL PUBLICATION FOUNDATION

牛 津 科 普 读 本

过度捕捞

[美]雷·希尔伯恩
[美]乌尔丽克·希尔伯恩/著

吴旭　王路阳/译

华中科技大学出版社
http://www.hustp.com
中国·武汉

湖北省版权局著作权合同登记　图字：17-2020-057 号

图书在版编目（CIP）数据

过度捕捞 /（美）雷·希尔伯恩（Ray Hilborn），（美）乌尔丽克·希尔伯恩（Ulrike Hilborn）著；吴旭，王路阳译 . -- 武汉：华中科技大学出版社，2020.8
（牛津科普读本）
ISBN 978-7-5680-5982-4

Ⅰ．①过… Ⅱ．①雷… ②乌… ③吴… ④王… Ⅲ．①海洋捕捞－捕捞过度－普及读物 Ⅳ．① S977-49

中国版本图书馆 CIP 数据核字（2020）第 101606 号

过度捕捞　　　　　　　　　　　［美］雷·希尔伯恩　　［美］乌尔丽克·希尔伯恩　著
Guodu Bulao　　　　　　　　　　　　　　　　　　　　　　　　　吴　旭　王路阳　译

策划编辑：杨玉斌
责任编辑：陈　露　　　　　　　　　　　装帧设计：李　楠　陈　露
责任校对：张会军　　　　　　　　　　　责任监印：朱　玢

出版发行：华中科技大学出版社（中国·武汉）　　电话：（027）81321913
　　　　　武汉市东湖新技术开发区华工科技园　　邮编：430223

录　排：华中科技大学惠友文印中心
印　刷：武汉精一佳印刷有限公司
开　本：880 mm×1230 mm　1/32
印　张：7.875
字　数：126 千字
版　次：2020 年 8 月第 1 版第 1 次印刷
定　价：68.00 元

总序

欲厦之高,必牢其基础。一个国家,如果全民科学素质不高,不可能成为一个科技强国。提高我国全民科学素质,是实现中华民族伟大复兴的中国梦的客观需要。长期以来,我一直倡导培养年轻人的科学人文精神,就是提倡既要注重年轻人正确的价值观和思想的塑造,又要培养年轻人对自然的探索精神,使他们成为既懂人文、富于人文精神,又懂科技、具有科技能力和科学精神的人,从而做到"物格而后知至,知至而后意诚,意诚而后心正,心正而后身修,身修而后家齐,家齐而后国治,国治而后天下平"。

科学普及是提高全民科学素质的一个重要方式。习近平总书记提出:"科技创新、科学普及是实现创新发展的两翼,要把科学普及放在与科技创新同等重要的位置。"这一讲话历史性地将科学普及提高到了国家科技强国战略的高度，充分地显示了科普工作的重要地位和意义。华中科技大学出版社翻译出版"牛津科普读本"，引进国外优秀的科普作品，这是一件非常有意义的工作。所以，当他们邀请我为这套书作序时，我欣然同意。

人类社会目前正面临许多的困难和危机，例如，环境污染、大气污染、海洋污染、生态失衡、气候变暖、生物多样性危机、病毒肆虐、能源危机、粮食短缺等，这其中许多问题和危机的解决，有赖于人类的共同努力，尤其是科学技术的发展。而科学技术的发展不仅仅是科研人员的事情，也与公众密切相关。大量的事实表明，如果公众对科学探索、技术创新了解不深入，甚至有误解，最终会影响科学自身的发展。科普是连接科学和公众的桥梁。这套"牛津科普读本"，着眼于全球现实问题，多方位、多角度地聚焦全人类的生存与发展，包括流行病、能源问题、核安全、气候变化、环境保护、外来生物入侵等，都是现代社会公众普遍关注的社会公共议题、前沿问题、切身问题，选题新颖，时代感强，内容先进，相信读者一定会喜欢。

科普是一种创造性的活动，也是一门艺术。科技发展日新月异，科技名词不断涌现，新一轮科技革命和产业变革方兴未艾,如何用通俗易懂的语言、生动形象的比喻,引人入胜地向公众讲述枯燥抽象的原理和专业深奥的知识,从而激发读者对科学的兴趣和探索,理解科技知识,掌握科学方法,领会科学思想,培养科学精神,需要创造性的思维、艺术性的表达。这套"牛津科普读本"采用"一问一答"的编写方式,分专题先介绍有关的基本概念、基本知识,然后解答公众所关心的问题,内容通俗易懂、简明扼要。正所谓"善学者必善问","一问一答"可以较好地触动读者的好奇心,引起他们求知的兴趣,产生共鸣,我以为这套书很好地抓住了科普的本质,令人称道。

王国维曾就诗词创作写道:"诗人对宇宙人生,须入乎其内,又须出乎其外。入乎其内,故能写之。出乎其外,故能观之。入乎其内,故有生气。出乎其外,故有高致。"科普的创作也是如此。科学分工越来越细,必定"隔行如隔山",要将深奥的专业知识转化为通俗易懂的内容,专家最有资格,而且能保证作品的质量。这套"牛津科普读本"的作者都是该领域的一流专家,包括诺贝尔奖获得者、一些发达国家的国家科学院院士等,译者也都是我国各领域的专家、大学教授,这套书可谓是名副其实的"大家小书"。这也从另一个方面反映出出版社的编辑们对这套"牛津科普读本"进行了尽心组织、精心策划、匠心打造。

　　我期待这套书能够成为科普图书百花园中一道亮丽的风景线。

　　是为序。

杨叔子

（序言作者系中国科学院院士、华中科技大学原校长）

序

2006 年 11 月 3 日,《纽约时报》在其头版文章中报道了关于目前鱼类数量日益减少的问题。这篇文章警示性地命名为《关于鱼类全球性灭绝的研究》,其中引用了专家对这一问题的预言:如果"继续保持目前全球捕捞的速度,可能在 21 世纪中叶,越来越多的物种将会灭绝,海洋生态系统将会崩溃,这就是说目前我们捕捞的所有鱼类最终将会灭绝"。美国最负盛名的科技杂志《科学》中的一篇文章被一篇新闻稿引用。这篇新闻稿迅速在全球传播开来,占据了各大报纸的头条,并在英国广播公司(British Broadcasting Corporation,BBC)的节目《晚间新闻》里被报道。这篇特殊的文章虽然有着惊人的影响力,但它只是描述渔业消失、海洋生态系统崩溃的众多文章中的一篇,这些问题在近十年来被反复提出。

但在 2009 年,那群曾在 2006 年讨论过这些问题的科学家在研究了全球范围内 167 种鱼类的丰度和渔获量变化趋势后,又在《科学》杂志上发表了一篇名为《重建全球渔业》的文章。他们在文章中提到,"在所研究的 10 个大型海洋生态系统中,有 7 个系统的现平均渔获量等于甚至低于各自的最大持续渔获量"。不出所料,这篇文章没有成为各大媒体的头条新闻。

而且争论还在继续。在《重建全球渔业》这篇文章发表两个月后,达尼埃尔·保利(Daniel Pauly)在《新共和》(*The New Republic*)杂志上发表了一篇名为《现代警示录:鱼类的末日》的文章,公开反对世界上在渔业研究领域最负盛名的科学家。之前被很多人认为在北海以及波罗的海濒临灭绝的鳕鱼在 2010 年的时候被发现已经开始恢复,一个涉及海洋保护的非政府组织——世界自然基金会(World Wildlife Fund,WWF),又将北海鳕鱼重新写进了他们的名录中。在 2011 年初,我们又听到了更多的好消息,来自美国南佛罗里达大学的美国政府前首席渔业专家史蒂夫·穆拉夫斯基(Steve Murawski)宣布美国过度捕捞的时代已经结束。

公众分辨不清情有可原。

但事实真相是什么呢？是过度捕捞已经破坏了海洋生态系统，还是我们已经将渔业控制在可持续发展的范围内了呢？

这些完全取决于你自己怎么看待。已经有太多的耸人听闻的文章描述了渔业的崩溃，《底线以下》《海洋屠杀》《海洋末日》《海洋的非自然历史》等都描述了过度捕捞和人们对海洋资源的掠夺。

除了这些耸人听闻的言论以外，商业捕捞同样也猝不及防地出现在公众视野中。琳达·格林劳（Linda Greenlaw）因为出版了一本关于剑鱼捕捞的名为《饥饿的海洋——剑鱼捕捞者之旅》的书而被邀请上了一档名为《最危险的捕捞》的电视节目，从而成了全民追捧的英雄人物。她让大众了解了商业捕捞的日常与危险，但是没有考虑任何环保层面的问题。

祸患常积于忽微。我们很难用事情的起因—经过—结果这样常规的叙述手法来讲述过度捕捞这个复杂的故事。

发表于2006年的文章《关于鱼类全球性灭绝的研究》预言，到2048年所有的鱼类都将会消失，让我们看看其他研究者对这篇文章的回应。以我目前在美国西海岸、加拿大以及新西兰的捕捞经历来看,阿拉斯加州和新西兰是公认有着世界上最好的渔业管理的地方,而在美国西海岸,过度捕捞也已经极大地减少了,同时之前枯竭的鱼类资源也在逐渐地恢复重建。我知道这些渔业以及所有鱼类至少在 2048 年以前不会消失。因为我的观点与这篇文章的观点完全不同,美国国家公共广播电台(National Public Radio,NPR)对我与这篇文章的第一作者鲍里斯·沃尔姆(Boris Worm)进行了访问,让我们说出各自的想法。

鲍里斯·沃尔姆是加拿大达尔豪斯大学(Dalhousie University)的一位年轻教授。他在德国长大,所以结合他自身的经历,他认为加拿大和欧洲的海洋生态系统已被破坏了,这和我的经历完全不同。在结束了这次访问之后,我与他进行了一次讨论,探究我们为什么对世界渔业可持续性发展的看法有如此大的分歧。

推测所有鱼类都将在 21 世纪中叶消失是根据对单一鱼类的渔获量计算得出的,按照这种假设,如果一种鱼类的渔获量小于其以前渔获量的 10%,我们就可以说渔业要"崩溃"了。如果你按这种计算方法将世界渔业的比例图绘制出来,从图中你会发现渔业呈现出加速崩溃的趋势，而且所有鱼类在 2048 年看似都会灭亡。

鲍里斯和我都认为渔获量并不能真实地反映出目前鱼类的丰度，于是我们开始与其他 19 位研究海洋渔业的科学家合作，共同寻找所有能预测鱼类丰度的方法。

鱼类丰度的测量一般都采用的是系统调查法，于是我们汇总了所有能找到的数据资料并将它们导入数据库。世界上很多渔业机构也同样通过调查并结合其他的方法来计算鱼类的丰度、渔获量和不同种群所占比例的历史趋势，这种分析方法叫作"资源评估"。于是我们建立了一个全新的数据库。在 2009 年《科学》杂志刊载《重建全球渔业》那篇文章的时候，已有的数据库里已经有 200 种鱼类的信息了，至 2011 年 1 月，数据库收录的鱼类已扩充至 300 种。

我们将此计划称为"寻找海洋保护与管理的共同点"，最终我们找到了它们之间的共性。我们确信在我们的数据库中有 2/3 的鱼类的种群规模远小于美国和国际上一些机构制定的濒危鱼类的标准，而且那些数量较少的将要"灭绝"的鱼类正在增加。同时我们也发现，我们调查过的大部分地区的捕捞压力都在减小，而且大部分鱼类的数量都在回升，因此捕鱼业正得以恢复重建，而不是趋于崩溃。最重要的是，我们发现整体鱼类丰度维持在一个稳定的范围内，而不是持续下降。

这个计划里的 21 位科学家有着不同的背景，来自不同的地区，且每个人对此问题有着不同的认知，但是当我们得到那些关于鱼类丰度的真实数据后，我们能很轻易地将我们的发现写出来。就我个人经验而言，阿拉斯加州和新西兰避免了过度捕捞，美国西海岸的捕鱼业也正在重建之中，我的这一观点得到了证实。同样，鲍里斯认为加拿大西部以及欧洲大部分地区都存在严重的过度捕捞的观点也得到了证实。这些数据确实说明了一切。同时，我们最重要的发现是，导致过度捕捞以及造成渔业崩溃的捕捞压力正在慢慢减小。

《关于鱼类全球性灭绝的研究》这篇文章因侧重于描述欧洲以及北美洲所存在的问题而受到了批评。由于那时候我们几乎没有亚洲、非洲以及南美洲的数据，虽然我们的数据库在不断扩展，但是我们依然没有获得这些地区的充足的数据。然而我们从联合国粮食及农业组织的调查中了解到，在北大西洋，过度捕捞的问题比世界上其他地方更加严重，这正是我们所关注的重点。

　　同时，在北大西洋，人们已经采取行动阻止过度捕捞和减少开采。由于我们缺乏数据，所以这些结论也不一定真实。我们在 2009 年所得到的那些让人激动的结论在这些地方也并不适用。

　　需要强调的是，过度捕捞的情况并不简单，而且各地情况不一样。

　　有些地方存在严重的过度捕捞情况，而有的地方则没有；有些管理机构已经减小了捕捞压力，鱼类种群正在重建，但是有些地方的捕捞压力在持续增大，过度捕捞仍在继续。

　　可能会有作者引用我们书中的一些数据来写一本关于过度捕捞和渔业崩溃的书，然而也会有作者选取其他的数据来说明这些情况得到了改善。

　　在这本书中，我试图从科学、政治、伦理道德的角度来尽可能公正地告诉你关于海洋渔业的过度捕捞、可持续渔业以及渔业管理的成功与失败的故事，希望对你有所帮助。

　　鱼类并不是我们理解渔业的核心。渔业是一张错综复杂的网，涉及海洋生态系统，人为因素同样掺杂其中。它还涉及渔民、社区和市场的社会经济团体以及政府的渔业管理部门。为了维持可持续的渔业，我们必须维持可持续的生态环境、可持续的社会环境和可持续的经济环境。

如果渔业的核心是鱼类的话，我们只需要简单地停止捕捞就可以解决一切问题，但是这样做的结果是悲惨的。这个世界上有数不清的渔民，这正是渔业存在的原因，如果禁止捕捞，他们将失去生计，继而会影响社会稳定。同时，我们也应该仔细思考该用什么来代替我们餐桌上鱼类提供的 25% 的动物蛋白。

随着人口的增长，我们对食物的需求量也在持续上涨，我们也必须意识到海洋中的鱼类是我们重要的蛋白质来源。禁止海洋捕捞将会导致世界范围内的食物供应不足。

在自然生态系统中，海洋为我们提供了大量的食物，它是不可替代的。如果管理得当，哪怕海洋中发生了巨大的变化，海洋生态系统的结构与功能依然维持不变。虽然鱼类丰度减小了一大半，成熟的鱼甚至更少，但是在海洋的自然生态系统中依然会存在这些物种。这与农业中依靠砍伐或开垦原来的自然生态系统并种植新作物的人工生态系统是不同的。

避免过度捕捞的理由有很多——过度捕捞将影响全球食物供应、海岛、哺乳动物，以及数百万靠渔业谋生的人。

我希望这本书对维持海洋的可持续利用有所帮助。

雷·希尔伯恩

2011 年 5 月，于西雅图

注意，在"fisherman"①一词的使用中，由于英语中没有集合名词来概括出于生计或运动的目的而捕捞的男性及女性，我也曾因使用"fisher-woman"或者"fisher"而遭受严厉批评（当然，我自认为也没有资格发明一个新词语）。所以，为简化这一问题，我将在全书中直接使用"fisherman"一词来概括所有捕捞的人们，并在此强调该词没有任何歧视的意味。

_____

① 本书将 fisherman 一词译为渔民。——译者注

目录

1　过度捕捞概述

什么是过度捕捞？

　　过度捕捞是指过量捕捞鱼类，从而影响渔业的可持续发展，导致大量潜在的食物和财富从我们的指缝中溜走。目前，在养殖地过度捕捞是很普遍的现象。只有适量捕捞才能保证鱼类产量稳定在可持续发展的范围内，这时鱼类的产量虽然相对较小，但是能保持鱼类数量稳定。不过，如果出现极度的过

海底游动的鱼群
Photo by Annie Spratt on Unsplash

度捕捞,即鱼类生长速度远低于被捕捞的速度,那么鱼类总量将会不断减少,甚至灭绝。

当捕捞压力越来越大,渔业潜在的经济收益少于预期的时候就会出现经济型捕捞过度。在这种情况下,很多渔民就会出动过量的渔船捕捞鱼类,这些渔船在短时间内大量捕捞鱼类,这样就会导致捕捞期变得越来越短,而且大量的金钱也会花费在渔船的修理、保养、燃料以及保险上。例如,政府会对渔船建造和燃油支出进行补贴,或者在捕渔业发展初期帮助渔民快速建立一支大型船队。

任何形式的捕捞都会对生态或者生态系统产生一定影响。很显然,在这种情况下并没有所谓的最适渔获量,由于捕捞压力增大会导致生态系统中鱼类的数量持续减少,极小的捕捞量都可以被称为生态系统捕捞过度。照此看来,如果要使生态系统受到的影响降到最低,那么,无论在什么情况下都不能进行捕捞活动。虽然在有些情况下,当我们捕捞了水域中的食肉动物后,生态系统中鱼类的总数量反而会比捕捞前更多。然而对于那些只关注自然生态系统的人来说,任何生态系统中的捕捞都属于生态系统捕捞过度。

但是我们需要食物，所以我们关注鱼类丰度。

生态系统中的鱼类丰度与捕捞压力、持续渔获量、利润以及生态影响存在着一定的关系。当生态系统中存在着少量捕捞甚至捕捞量为零的时候，生态系统的持续渔获量以及利润都很低。当捕捞压力慢慢增大时，首先利润达到峰值，随后持续渔获量达到峰值；随着捕捞压力的进一步增大，利润和持续渔获量都将降低；最终达到我们所说的生物学捕捞过度或者经济型捕捞过度。通常情况下，我们希望通过捕捞最少的渔获物而获得最大的经济效益。

什么是可持续捕捞？

1987 年，布伦特兰委员会把可持续发展定义为"既满足当代人的需要，又不对后代满足其需要的能力构成危害的发展"。

我们所说的可持续捕捞就是找到一种合理的捕捞方式，既可以保证现在的渔获量，又满足未来的需求量。我们从种群或生态系统中捕捞一小部分，我们所捕捞的这一小部分可以通过一段时间的自然生长与繁殖得到补充。

当我们认为可持续捕捞是一种定量捕捞的时候,这其中就会出现一些问题。由于自然中的种群数量是波动的,所以捕捞量就要根据它的变化而变化,这几乎是不可能做到的。有一群人,他们对可持续发展的定义很极端,他们认为随着石油资源的慢慢枯竭,依赖于石油的渔业也不可能实现可持续发展。在此书中,我们将不讨论这个问题。

为了找到最大持续渔获量(maximum sustainable yield, MSY),我们估算了当以最大化平均渔获量的速度捕捞时的平均渔获量。

相反,如果我们思考什么样的方式是不可持续的,这个问题可能会更加简单明了。长期捕捞大量的鱼类使这片水域中鱼类的生长繁殖速率远低于捕捞速率,这就会导致鱼类持续减少,进而灭绝,这是一种不可持续发展的情况。任何形式的渔业,如果改变了生态系统,使其潜在的生产力大大降低,这在生物学上都是不可持续的。从另一方面来说,渔业需要依靠源源不断的经济补贴来维持利润,这也是一种经济上的不可持续发展。

能不能实现可持续捕捞？

最具科学权威的调查数据显示，在每年的渔获量足够低而且捕捞方式不危害该物种的生殖能力以及生态系统的情况下，几乎所有鱼类都可以实现可持续捕捞。几千年来，很多鱼类种群的捕捞都能可持续发展，这主要是由于社会发展现状和文化体制使渔获量维持在可持续发展的水平，而且当时的捕捞技术也限制了渔民，使他们无法捕捞过多鱼类。直到 20 世纪，尤其是 20 世纪后半叶，全世界都处于飞速发展中。现代科技让渔民可以将他们的渔船开得更远，他们找到了很多鱼类最后的避难所。现代通信、人口迁移、不断改变的期望值等导致渔民这个群体中长期存在的管理机制崩溃了。

过度捕捞是新问题吗？

过度捕捞是一个从人类开始从事捕捞活动之日起就存在的问题。甚至在工业时代之前，自然资源就被过度开采了，我们知道人类首次到达一个新大陆的时候，一些更容易被捕获的物种就会被捕杀，直至灭绝。这些历史资料中关于鱼类的记载的可信度可能并不像陆地动物那样可靠，但是我们同样可以断定，在最初的接触中，那些最脆弱的鱼类肯定是首先遭到冲击的。

在 19 世纪下半叶，过度捕捞这个概念就已经在科学界引起了广泛的讨论。1877 年，英国科学家诺曼·洛克耶（Norman Lockyer）爵士在《自然》杂志上发表了如下一段话："我的朋友在讨论海洋里是否存在过度捕捞的可能性的时候，试图通过在河流中过度捕捞将导致食物供应减少的例子证明他的论点，在我看来，这个论据似乎并不充分。"到 1900 年，过度捕捞中关于渔获量的很大一部分能被很好地理解，当时，牛津大学的沃尔特·加斯唐（Walter Garstang）说："我认为，我们所面临的问题不仅仅是底层渔业会消失，而是它会快速地、持续地消失；即使在生长季节，海洋中鱼类的生长繁殖率也小于渔获率。"

在生物学上，关于过度捕捞的讨论一直围绕着"海洋中鱼类的生长繁殖率"与"渔获率"展开。

随着渔业技术越来越发达，我们的渔获能力也随之提高，但是鱼类的生长繁殖能力却是恒定不变的。分别以蒸汽机与柴油机为动力的渔船的先后出现是最重要的技术革新。当捕捞船还挂着帆的时候,被拖拽在海上的拖网是很小的,在第二次世界大战之后,随着扬帆渔船发展成为带有强劲发动机的捕捞船队,拖网变得越来越大。同时,渔具技术也在不断革新,特别是几乎所有人都能买得起的廉价的尼龙刺网的发明更是意义重大。这种渔网有着很细密的近距离才能看见的网格,当鱼游到渔网中时就会被渔网上的刺勾住。由于这种渔网的售价只有几美元,所以它在全世界迅速流行开来。电子系统,例如全球定位系统(global positioning system,GPS)和鱼群探测器,使得渔民即使在雾天也能准确快速地找到最佳捕鱼点,就算鱼群藏于暗礁或者岩石底下也是如此。

我们现在掌握的技术几乎可以捕捞到所有我们能想到的海洋资源。那么,问题是我们能找到相关政策条例或者社会文化制度来约束我们现在的行为吗?

为什么可持续捕捞会使海洋中鱼的数量减少?

在 20 世纪 30 年代,俄罗斯的生物学家格奥尔基·高斯

(Georgii Gause)在实验室做了一系列简单实验来探究限制人口增长的因素。他选取草履虫作为研究对象,这种生物通过自体的分裂进行繁殖。他将草履虫放在一支食物充足的试管里,然后随时间的变化记录试管里草履虫的增长量。在实验开始阶段,试管中的草履虫迅速繁殖,但是随着草履虫数量的增多,试管中的食物开始短缺,这时草履虫的增长速度开始减缓,最终试管中的草履虫停止了生长繁殖。最后,试管中的草履虫数量称为"环境容纳量",它是指当环境中草履虫的繁殖率与死亡

渔网
Photo by Erwan Hesry on Unsplash

率(总有一部分草履虫会慢慢死亡)相等时草履虫的数量。

自然环境中,野生生物的数量变化也遵循相同的变化规律。生活在塞伦盖蒂平原的牛羚会得一种名叫牛瘟的病,这种病类似于人类的天花。当牛羚感染牛瘟后,其种群数量就会大幅度减少。20 世纪 50 年代,通过给牛羚接种疫苗,牛瘟被控制住了,到了 20 世纪 80 年代,牛羚数量从 50 年代的不足 25 万只迅速增长到 150 万只。与高斯的草履虫实验类似,在 20 世纪 60 年代至 70 年代牛羚数量迅速增加,随后食物开始短

牛羚
Photo by Bernard DUPONT on Wikimedia Commons

缺,牛羚的出生率下降,死亡率上升,直到最终出生率与死亡率
基本达到平衡。

很显然,捕捞会提高死亡率,当其他条件不变时,鱼类种群
会走向灭亡。但是随着海洋中鱼的数量越来越少,剩下的鱼将
会享有更多的食物以及其他资源。以前制约鱼类个体增长的
因素,无论是食物还是防止被捕食者捕食的"藏身之处",都可
能在鱼类数量下降时成为优势因素。这样最终会出现由捕食
者造成的死亡率下降以及出生率上升的情况,或者两种情况兼
而有之。自然界一直存在着一个持续渔获率范围,其可以使鱼
类的出生率上升,而且允许更多的鱼存活更长时间,超出这个
渔获率范围太多就属于过度捕捞了。对于大多数海洋鱼类而
言,产生最大持续渔获量的丰度是未捕捞时丰度的 20%
到 50%。

只要我们食用鱼,海洋中鱼的数量永远会比我们不食用的
时候少。

什么是渔业崩溃?

"崩溃"这个词通常用来形容一个物种的丰度非常低的情
况;不论是通过某些历史基准值,还是通过理论计算出其未经

捕捞时应有的种群数量值来对比判定,其都处于极其低水平的情况。通常来说,当一个物种的丰度只有未捕捞时丰度的10%的时候,就可以认为该物种是崩溃的。

当鱼类的数量很少,同时它的出生率与死亡率也发生了改变,即使停止捕捞,鱼类数量也不可能恢复的时候,我们就需要讨论一些更为复杂的导致崩溃的情况。

加拿大鳕鱼经历了什么?

1992 年 7 月 2 日,加拿大渔业及海洋部部长约翰·克罗斯比(John Crosbie)宣布禁止纽芬兰的鳕鱼捕捞。纽芬兰省和拉布拉多省的传奇渔业拥有 500 年历史,当时的渔业作为它们的经济支柱,似乎永远享有丰厚的经济回报,但正是这一古老的渔业最终被关停了。这因此也成了世界渔业危机开始的象征。

在哥伦布到达美洲之前,巴斯克的渔民就会航行到大浅滩去捕捞鳕鱼。而在纽芬兰,鳕鱼就是鱼类的代名词,它也是纽芬兰被殖民的原因之一。在人类谨慎地捕捞了 500 年之后,那些有着巨大生物量的鳕鱼从最初的几百万吨减少到最后只剩几万吨也发生在不过 30 年的时间里。直到 2010 年,鳕鱼才终于又有了开始恢复的征兆。

鳕鱼崩溃导致了难以想象的社会动乱。它导致 2 万人突然失业。纽芬兰经济萧条,加拿大的纳税人每年几乎要投入 10 亿加元来弥补鳕鱼崩溃所带来的经济损失,围绕着鳕鱼所建立起来的岛屿文化也从根基上被动摇了。

加拿大鳕鱼事件为什么会发生?

我们捕捞过度了。在几百年内,纽芬兰的鳕鱼渔获量可以维持在 10 万吨到 20 万吨之间,是因为自然死亡、捕食者猎杀、捕捞合理地平衡了鳕鱼的繁殖与生长。每年从水体中捕捞的鳕鱼数量不到总体数量的 10%,这时整个鱼群可以健康发展。但是在 20 世纪 60 年代,外国的加工船大量进入这片海域进行捕捞,据报道,他们每年捕捞至少 80 万吨鳕鱼,这个数量占到鳕鱼总数量的 30% 以上,这就导致鳕鱼的生长繁殖率不能维持在稳定范围内,因此鳕鱼的数量开始降低。

直到 1977 年,加拿大政府开始控制渔业的时候,成熟的可以产卵的鱼仅几十万吨,而在 1962 年的时候这个数量为 150

万吨。加拿大政府降低了渔获量,在最初的几年里鳕鱼数量开始上升。但是到了 20 世纪 80 年代中后期,鳕鱼总量停止增长并最终稳定在 20 世纪 60 年代数量的 25％左右。直到 20 世纪 80 年代末期,鳕鱼幼苗数量突然减少,鳕鱼个体生长更加缓慢,寿命更短。到了 1991 年,鳕鱼的目标渔获量已不能实现,因为该目标值已超过了整个鳕鱼群体的总量。

用来解释最终崩溃的原因有很多且互相矛盾。很多人认为这只是简单的过度捕捞案例:由于没有产出充足的鱼卵,鱼苗的出生率不足,最终导致整个鱼群数量降低。而另一部分人则认为是由于海豹的数量过多。随后,大量的轶事证据被曝光了,事实上,实际的渔获量比报告的要高,因为那些个体较小的没有价值的鱼被扔掉了,没有计算在渔获量里。同时,海洋温度下降和食物链底端的微型浮游动物的变化,也使得鳕鱼难以适应,最终导致它的生长繁殖率降低、死亡率升高。

对于加拿大的鳕鱼来说,20 世纪 80 年代末、90 年代初是一段艰难的时光。为了方便管理,加拿大东部的鳕鱼被划分为六个部分,称为"资源量"。到了 20 世纪 80 年代末期,虽然资源量还是很充足,但是从 20 世纪 70 年代到 80 年代初,原来保持增长态势的鳕鱼数量突然停止上升,鳕鱼的生长繁殖率低于死亡率。即使没有捕捞,鳕鱼数量也会减少。目前我们所知道的是,已经没有任何的管理方案可以阻止鱼群减少的趋势,我们的失败之处在于没有在鳕鱼数量变得很少之前就及时削减渔获量。

所有的鳕鱼渔业都崩溃了吗？

　　20 世纪 90 年代,世界上所有地方的鳕鱼都被过度捕捞,

缅因湾
Photo by Dirk Ingo Franke on Wikimedia Commons

存留的数量极少。即使不是大部分地方,也有很多地方的鳕鱼丰度低于 10%。然而在欧洲,鳕鱼数量很少的时候依然可以维持一定的产量,每年的渔获率维持在 30% 到 50% 之间时也并没有使鱼群整体数量下滑。在这些地方,一旦减小捕捞压力,这些鱼群就会重建。

但是加拿大的鱼群就不是这样的,即使在渔获量很低的时候,它也没有实现重建。

在美国,有两个地方的鳕鱼同样也在过度捕捞的情况下依然能维持很高的生产力。事实上,不管是缅因湾(Gulf of Maine)还是乔治斯浅滩的鳕鱼,其资源量都在上升,但是依然没有达到目标水平。

有两个地方的鳕鱼渔业似乎永远不会崩溃。一个是位于挪威北部与俄罗斯接壤的巴伦支海,它是世界上最大的鳕鱼资源地。2010 年,这个地方的鳕鱼资源量大约为 400 万吨,且从各方面来看,这个地方目前不存在过度捕捞的现象。另一个是冰岛,其鳕鱼的丰度虽然在目标水平以下,但是从未崩溃过,目前这个地方依旧以最大持续渔获量进行捕捞。

2　过度捕捞的历史

过度捕捞是新近出现的问题吗？

虽然鲸鱼实际上是哺乳动物，但其最初是被当作一种鱼类并促进了捕鲸业的发展。随着政治制度的变化和渔业法规的形成，捕鲸业的管理成了渔业部门的一项专门职责。捕鲸业的过度开发为过度捕捞的发展过程和由其所产生的必然后果提供了一个很好的案例。

跃出海面的鲸鱼
Photo by Georg Wolf on Unsplash

欧洲针对捕鲸业进行商业开发的数千年历史反映了过度捕捞的各种影响。巴斯克捕鲸者活跃在 12 世纪,他们的主要目标是北露脊鲸,因为其移动缓慢并且被杀死后不会下沉。巴斯克捕鲸者最初是在海岸边搁浅的鲸鱼身上获得肉食。接着,巴斯克捕鲸者进一步发展为在岸边搜寻鲸鱼,推出小船,追赶鲸鱼,并且用渔叉来捕获鲸鱼,与各种版本的《白鲸记》中所描述的 19 世纪的捕鲸者非常相似。随着航海技术的不断进步,兼之比斯开湾的土地资源已经耗尽,这些早先的欧洲捕鲸者造出更大的船只驶向了更为北方的地界。这批捕鲸者在 17 世纪抵达北极的斯匹次卑尔根岛,他们在这里捕杀露脊鲸及其近亲弓头鲸。这些北极航海者获得大量财富的消息传播开来,不久之后,英国、荷兰和西班牙都定期向北方派遣船只。

除了航海技术和导航技术的提升帮助实现了远途航海之外,还有一个变化也值得一提,即用来将鲸脂加工成油的装置被从岸边成功转移到了船上。这使船只摆脱了陆地的束缚,也使得 17 世纪的公海捕鲸成为可能。与此同时,在世界各地,海岸边的捕鲸活动依然是一个重要的经济来源。在新英格兰,早期的美国捕鲸者与 12 世纪的巴斯克捕鲸者非常相似,他们在海岸发现鲸鱼之后,也会驾驶小船追赶它们,将鲸鱼带回岸边进行加工。在日本,这样的捕鲸活动至少可以追溯到 7 世纪。

到 17 世纪 90 年代,北极东部的鲸鱼资源已被耗尽,捕鲸舰队向西挺进格陵兰岛甚至更远的地方。1848 年,白令海有一批新的弓头鲸被发现,这一发现导致了另一次淘金潮,这些鲸鱼迅速趋向灭绝。到 19 世纪中叶,来自各国的捕鲸者几乎将世界上所有的海洋都捕捞了个遍。

19 世纪末出现了一些重大的技术变革。当人们发现石油可以作为灯的燃料之后,鲸油市场受到了严重的打击。到 19 世纪末,曾经供应大部分鲸油的抹香鲸渔业由于缺少市场而几近崩溃。同时,一些重大的技术发展也延缓了市场的衰落,其代表是爆炸渔叉的发展。爆炸渔叉由安装在高速蒸汽动力船舶上的枪发射,可以附着在更大的鲸鱼身上并杀死它们。爆炸渔叉取代了一些传统的技术,比如附加浮标或者在船上装备普通渔叉用以捕捉鲸鱼,它让鲸鱼在与渔叉拉扯之时不断消耗体力,然后不断在其体内刺入长矛,从而杀死鲸鱼。仅仅用普通长矛难以杀死长须鲸和座头鲸,而且这种捕捉方法也特别危险。有了蒸汽发动机和爆炸渔叉之后,新英格兰的沿海捕鲸者得以捕捉到长须鲸和座头鲸,并将它们逮到岸上,尽管实际上会有很多鲸鱼由于不浮在海面而逃过一劫。挪威人进一步完善了现代捕鲸业,在爆炸渔叉中加入了气囊,并且发明了高速蒸汽动力捕鲸船。这些技术使得他们能够在南极捕捉更多种类的鲸鱼,例如蓝鲸、长须鲸、大须鲸和座头鲸等。到了 20 世纪早期,从南大洋捕获到的鲸鱼(包括抹香鲸)增长到了每年 7万头,其中最有价值的蓝鲸就有大约 1930 头。随后,就连价值相对较低的鲸鱼也不会被放过。在 20 世纪 50 年代,长须鲸的渔获量达到顶点;20 世纪 60 年代,大须鲸的渔获量达到顶点;而本身重量不到蓝鲸 1/10 的小须鲸在 20 世纪 70 年代成了南极捕鲸业的经济支柱。在捕鲸时代的末期,一些大型鲸鱼如露脊鲸、座头鲸、蓝鲸几乎灭绝,绝大多数其他大型鲸鱼也成了珍稀动物。

这个案例给我们上了重要的一课。在不受监管的渔业中,只有当捕鱼有利可图时人们才会继续捕鱼,当目标鱼类过少使得捕鱼成本大大增加,或者市场需求减小,导致渔民入不敷出时,捕鱼活动就会大大减少。

世界渔业中有一个现象叫作"连续性耗竭"(sequential depletion),捕鲸业的历史也说明了这一现象。捕鱼最先始于居住地附近那些易于捕捉的鱼类,当附近的鱼类减少或者资源耗尽后,捕鱼范围就延伸到更远的地方。当地鱼类产量减少时,就需要寻找其他区域或者捕捉其他种类的鱼。

捕鲸业还突显了国际公海的管理问题。在西方有一个传统,所有人都能够捕捉公海的鱼,被称为"公海自由"。但是,各国都意识到它们应该合作制止过度捕捞的行为。考虑到从南极来的鲸油会冲击本地的鲸油市场,国际捕鲸委员会(International Whaling Commission, IWC)于 1946 年成立了。在 20 世纪 60 年代,一个由国际专家组成的专家小组,被非正式地称为"三个智者",被请来就渔获水平的可持续性提出建议。他们建议立即削减渔获量。但是国际捕鲸委员会表示无法有效地调节捕鲸数量,因为个别国家不遵守约定的规章制度,而且也无法强制实施这些规章制度。商业捕鲸在 20 世纪 70 年代和 80 年代逐渐减少,各类大型鲸鱼的数量也逐渐恢复,在 1985 年至 1986 年,国际捕鲸委员会在所有商业捕鲸计划中实施零配额分配,这一时期通常被叫作"休渔期"。

能否实现捕鲸业的可持续发展?

要保证可持续的鲸鱼捕捞,就需要目标种类鲸鱼的数量有大量增长的潜能,保证每年消耗的量在可控范围内,使得鲸鱼数量维持在一个稳定的水平。例如,美国加利福尼亚州的灰鲸从 20 世纪 60 年代末期的 1.2 万头增长到 20 世纪 90 年代的 2万头,每年以 3‰～4‰ 的速度递增。现在认为在北太平洋的东部,灰鲸可能恢复到西部捕鲸之前的盛况(这些灰鲸在北大西洋已经灭绝,在北太平洋西部濒临灭绝),与此同时,俄罗斯人为了生存,每年大约捕获 120 头灰鲸。

举例来说,如果每年捕获大约 2‰ 的灰鲸,那么灰鲸数量会更加缓慢地增长,并且在灰鲸数量回升的阶段会捕获几百头其他种类的鲸鱼。当然,这一假设的数量大致是正确的,有相关数据可以证明每年实际捕获的鲸鱼数量不会超过总量的2‰。对恢复商业捕鲸存在担忧是因为历史上很多人不遵守国际协议,不仅仅体现在捕鲸业这一方面,在其他的国际渔业中也出现过违反协议的现象。

在很长一段时间内,国际捕鲸委员会的科学委员会试图制定法规以保证在结束中止期之后通过科学的方法保证鲸鱼的可持续发展。特别是他们试图制定一项“捕捞策略”,将鲸鱼数量的所有不确定因素考虑在内,例如:鲸鱼数量的增长率是多少? 真正存在的鲸鱼有多少? 它们多大开始繁殖? 年幼鲸鱼怎么生存? 它们的数量结构是怎样的? 关于繁殖数量的界限我们知之甚少,可能还存在分离出来的亚种,这些亚种绝不能因为被过度捕捞而灭绝。

多年来,许多科学家都预估了不同捕捞情况下的潜在规律,以期保护目标物种。在 20 世纪 90 年代早期,国际捕鲸委员会的科学委员会和国际委员会先后正式采纳了被称为《管理程序修正案》的捕捞管制规则中的科学要素,以保证鲸鱼的可持续捕捞。但是,捕鲸委员会还规定在实施任何捕捞之前,必须同意服从监管并遵守法规。这一步并没有实现。在休渔期内,即便《管理程序修正案》为阿拉斯加弓头鲸的捕捞做出了调整,但是仍然没有得到实施。

在挪威自己的海域范围内,商业性质的小须鲸捕捞是合法的。挪威大概存活着 10 万多头小须鲸,每年大概有 1000 头被捕获。这一做法在生物学上被认为是可持续的。尽管《濒危野生动植物种国际贸易公约》(Convention on International Trade in Endangered Species of Wild Fauna and Flora, CITES)已经禁止了小须鲸的国际贸易,但挪威有合法出口小须鲸鱼肉的特权。同样,冰岛也可以捕捞鲸鱼以供出口,日本可以用鲸鱼做科学研究。

美国也捕捞鲸鱼。阿拉斯加州西部海岸大概有 1.1 万头弓头鲸,阿拉斯加北坡当地的因纽特人每年捕捞大约 50 头。尽管在美国《濒危物种法案》中弓头鲸被定义为濒危物种,国际捕鲸委员会会定期审查弓头鲸的繁殖量、渔获量和总体数量水平。在阿拉斯加州,这些鲸鱼肉被当地人当作食物,剩下的除了制成手工艺品外没有涉及其他的商业贸易。

我们如何估计海洋中动物的数量?

著名的海洋学家约翰·谢泼德(John Shepherd)曾经打趣说:"除了看不见海洋生物和它们会到处游动外,统计鱼类数量和统计树木数量一样容易。"统计鲸鱼和鱼类这种移动的海洋生物是非常困难的一件事,人们运用各种科学方法试图精确统计其数量。一般情况下,我们依靠大范围的勘测方法得出一个大概的数量级而非准确的估计数量。在鱼类数量统计中,最常用的方法是系统调查法,即对不同的鱼类栖息地进行系统化采样,并采用一些鱼类探测方法来提供分析指标。捕捉底栖鱼的最常用的方法是使用拖网,另外还有声呐探测、用相机拍摄等方法。还有一种方法是先给一定数量的鱼做上标记,然后根据下一次所捕捞的鱼中这些被标记的鱼所占的比例来估算数量。对于海底那些固着动物，如鲍鱼、蛤和扇贝等，用系统抽样估计的方法得到的数据比较可靠。

对于鲸鱼，一般使用两种方法：一种是拍摄，另一种是做标记。对于一些常见的鱼群，其总体数量大致可以在每年拍摄到的画面综合之后显现出来。船只在一条预先确定的航道上行驶，这条航道叫作"样带"，在"样带"上可以统计每千米有多少鲸鱼游过。这种方法可以计算出鲸鱼总体数量的大致数量级，然后通过各种校准技术估算出海洋中鲸鱼的密度。

科学家通常使用这样几种数据：调查结果、标记数据、鲸鱼族群的年龄分布。所有这些数据通常被纳入资源评估中。资源评估是一种利用鲸鱼族群历史丰度趋势估算数量的统计程序。上述数据经资源评估整合后所得到的结果将为大多数渔业管理机构制定法规提供依据。

科学家能够估算出持续渔获量吗？

资源评估可以得到一段时间内种群的大致数量，其本质是根据出生率、死亡率和个体成长情况所搭设的一个统计数量的框架。科学家常常会计算出剩余生产量,它是每年种群数量的净增长量与渔获量之和。如果每年鲸鱼种群数量能够保持稳定,就意味着剩余生产量等于渔获量。如果总体数量增长,就意味着剩余生产量大于渔获量。任何种群的持续渔获量即该种群的平均剩余生产量,而资源评估所表现出来的就是种群的历史数量和剩余生产量。允许的渔获量通常与剩余生产量存在一定的联系。如果目标种群的数量与实际估算的差不多,那么可以根据其数量水平得到的剩余生产量估算出可以捕获的数量。如果种群数量远小于估算量甚至快灭绝了,那么渔获量需小于剩余生产量,以保证种群数量可以恢复到原有水平。

日本的"鲸鱼研究"有什么实际价值?

日本政府允许以科研为目的捕捞定量的特种鲸鱼,所捕获鲸鱼的鱼肉就在日本当地销售。科学家在船上收集鲸鱼的相关数据,例如大小、性别、年龄、怀孕状态和饮食习惯,并收集鲸鱼组织作为样本研究其构造,观察是否存在污染物。调查船只通过记录鲸鱼的出现次数来收集大量数据。

批评者认为这项研究与其他相关研究相比没有太多成果，而且根据《管理程序修正案》，并不需要根据这些已死鲸鱼的数据来决定商业捕鲸禁令是否应该被撤销。日本政府回应，作为《濒危野生动植物种国际贸易公约》的成员国，既然该公约允许进行鲸鱼研究，那么日本政府自然也有权力限制本国的捕鲸量。此外，日本声称这项研究可以使得人们更加清楚鲸鱼的生产力、不同种群之间的竞争情况，以及污染对南大洋和北太平洋西部的鲸鱼的影响。

日本的鲸鱼研究存在一定的争议，并且经常容易引起公愤。一些人认为这就是赤裸裸的商业捕鲸，另外一些人则认为这项研究可以提供有价值的科学数据。

当然，这项研究捕获的鲸鱼的数量不会威胁到其种群的生存。但对于这项研究，人们仍然存在一定的担忧，一种担忧是从动物自身出发——杀死鲸鱼的行为是不对的，另一种担忧则是认为这种行为有些得寸进尺，可能导致商业捕鲸的复苏。然而，目前最严重的指控是很多科学家认为日本的鲸鱼研究只是一个借口，其本质是想无视零捕鲸协议而进行捕鲸活动。

鲸鱼种群依次消失是一种正常现象吗？

随着工业化捕捞范围的扩大,渔船在捕获完一个地区的鱼群之后就会搜寻下一个区域。在很大程度上,之前的好日子已经一去不复返了,因为现在没有新的重要资源可供利用,目前大部分的精力都放在可持续地管理剩下的海洋资源上。虽然渔业也一直有新的发展,船只下潜更深,行驶更远,但剩下的可开发资源不断减少,在 20 年内就会出现没有新资源可供开发的情况。2010 年,全球所捕获的大部分鱼类就是 1990 年所发现的那些鱼类。

西方国家也在采取相应措施,减少捕鱼船只。政府常常付费让渔船放弃捕鱼,改作其他用途,并对此加以限制:在同一国家,这些船只不能到其他渔场改装回渔船进行捕捞。这一措施造成的结果是,一些渔船开始在其他限制管理措施较少的国家非法捕捞。

3 渔业恢复

鱼类资源量能否从过度捕捞中恢复过来?

条纹鲈是一种产量大、口感好、攻击性强的鱼类。这种运动性很强、重量在 70 磅①左右的超级大鱼仍在被捕捞,它可以作为过度捕捞情况得到缓解的典型例子。

条纹鲈如同很多其他的北美洲资源一样,在欧洲人最初到达的时候被认为是永远不会枯竭的资源。约翰·史密斯(John Smith)船长曾说,他踩着条纹鲈脊背过河,鞋子都不会被沾湿。这句话当然有夸大的成分,因为他希望吸引更多的殖民者来到这个地方。

1639 年,马萨诸塞州的殖民者禁止将条纹鲈作为农作物的肥料。18 世纪、19 世纪以及 20 世纪大部分时间,无论是休闲渔业还是商业渔业,条纹鲈在渔业中都占有很重要的地位。切萨皮克湾和长岛湾的渔业规模都很大,从东海岸一直到佛罗里达州也都散布着一些小型渔场。

鱼类数量的减少具有周期性。1905 年,条纹鲈在马萨诸

---

① 1磅≈0.45千克。——译者注

塞州的伍兹霍尔地区非常罕见。但我们从收集到的可靠数据中发现，该地区条纹鲈的渔获量在 1973 年达到峰值，随后无论是商业渔业还是休闲渔业，条纹鲈鱼群的数量以及渔获量都降低了 90％，这说明东海岸最重要的渔业之一已经崩溃了。

20 世纪 80 年代中期，美国出台了严格的捕捞管理条例。该管理条例包括完全禁止在马里兰州和特拉华州捕捞条纹鲈，大大增加了最小可捕捞鱼的尺寸限制，并减小沿岸地区的日渔获量限额。这些管理措施结合淡水栖息地的改善，取得了令人

条纹鲈
Photo by Timothy Knepp on Wikimedia Commons

瞩目的成绩。到了 20 世纪 90 年代中期,能产卵的雌性条纹鲈数量增加了 10 倍,而且幼鱼的数量也达到了有记录以来的最高水平。1995 年,切萨皮克湾的条纹鲈数量恢复正常,紧接着 1998 年特拉华河的条纹鲈数量也恢复正常了。现代化的渔业管理手段使得渔业发展比以往更具经济价值。

条纹鲈是溯河产卵鱼类,它们在淡水中所产的鱼卵会随着水流或者潮汐顺流而下直到孵化。有些鱼的幼苗会游得更远,到达入海口,在这里它们将生长 2~3 年。它们成熟之后将会游到海洋里面生活。那些雌性的条纹鲈在 4 岁到 8 岁性成熟之后将会重返淡水河流产卵。

条纹鲈可以长得很大,最大纪录达到 125 磅。为了使它们的种群生生不息,它们会回到传统的产卵地,因为产卵成功需要寻找到一个安全的栖息地,这样才能使它们的幼苗免受天敌的捕食。切萨皮克湾的河流一直都是条纹鲈的重要栖息地,东海岸 75％的幼苗来自特拉华河和哈得孙河。

条纹鲈的减少是经典的"多因素死亡"案例。在殖民时期,它们的淡水栖息地就开始退化甚至消失。在工业革命时期,堰坝将水流拦截输送到工厂,到 20 世纪,工业污水、农业灌溉废水和城市污水直接排入河流,使条纹鲈的栖息地遭受严重污染。更加恶劣的是,美国中西部大工业区的酸雨污染十分严重。由于商业渔业以及休闲渔业的进一步发展,那些很小的还未产卵的鱼也被捕捞上岸。一般认为发育成熟的雌性条纹鲈长度至少在24~28英寸①,而当时捕捞鱼的下限是12~14英寸。如此密集的捕捞使得每年有一半数量的条纹鲈被捕捞。而使情况更加严峻的是,哈得孙河和特拉华河上建成了大型发电站,它们的循环冷却水系统导致了大量鱼卵和幼苗的死亡。

当一个物种因为很多因素的共同作用走向灭亡的时候,就需要采取多种措施,有些措施往往能够保护这个物种。20世纪70年代,美国通过了《清洁水法案》(Clean Water Act)后,各流域的水质得到了极大的改善,同时也使得最要紧的捕捞压力得到了缓解。在这些条件得到改善之后,条纹鲈幼苗的数目迅速回升,并且长到可产卵的年龄。

同时,另一个重要的影响因素——气候也得到了改善。在20世纪70年代,当条纹鲈渔业濒临崩溃时,气候主要是相对温暖干燥的冬春气候模式,当气候变得更加湿冷的时候,条纹

---

① 1英寸≈2.54厘米。——译者注

鲈的数量开始回升。

种群数量得以恢复,最关键的还是各方面共同努力。因为条纹鲈的产卵地与捕捞地遍布美国各个州和联邦水域,这不单单是一个权力机构可以控制的。如果在纽约州或者马里兰州捕捞过度的话,即使弗吉尼亚州的栖息地得到改善也是没有意义的。一系列联邦法律以及州际协议的制定使得渔业恢复重建计划的必要协调成为可能。虽然这样大规模的协调很困难,但是毫无疑问的是我们需要改变。每个人都意识到鱼群数量已近极度危险的境地,渔业产业的恢复重建势在必行。

总而言之,种群数量无法增长归结于过度捕捞和不良气候,良好的管理和较好的天气情况使得种群数量得以回升。

然而总有一些因素让我们不能自鸣得意,就像最好的渔业管理故事都没有愉快的结局一样,条纹鲈的案例也是这样。条纹鲈的数量确实大幅度回升,但是它们中有一半或者一半以上的成熟鱼群现在正面临着分枝杆菌病的威胁,这是一种致命的疾病。近些年的气候似乎又变回到不利于它们的状态,它们的种群数量又开始下降。

栖息地对鱼类种群数量有多重要?

没有栖息地就没有鱼类。

我们可以停止过度捕捞,但是如果没有适宜的栖息地,鱼类种群数量将没法重建。在美国,《马格努森-史蒂文斯渔业保护管理法》(Magnusson-Stevens Fisheries Management and Conservation Act)规定"重要鱼类栖息地"必须受到保护。但是该如何判定"重要"? 鱼类只有在适宜的水环境中才能生存,它们对水的物理性质如温度、盐度、不含有毒化学物质和衡量水质酸度的 pH 等都有很高的要求。pH 偏小一直是酸雨覆盖范围内的湖泊以及溪流所面临的一个大问题。近来,由于大气中的二氧化碳增加,海水的酸性也越来越强。然而鱼类依然对它们的产卵地十分挑剔,它们希望淡水水域深浅合适,鱼卵孵化出来后,幼苗有合适的食物供给生长,而且能够躲避捕食者。

栖息地的变化多种多样。水坝的修建阻隔了鲑鱼、鲱鱼以及其他溯河产卵鱼类去往它们产卵地的通道,这导致它们完全失去了栖息地。而酸雨、温室效应、低浓度的污染只是降低了栖息地的品质,使鱼类的存活率下降。事实上,多年来的新修

水坝、河流污染和用来解决城市缺水问题的河流改道都对淡水
鱼类栖息地产生了很大的影响。我们修建堤坝，发展沿海地
带，扩张城市，带来污染，最终使河口被改变得面目全非。这最
终导致人口激增，鱼类栖息地进一步退化。然而，在此之后我
们犯了更严重的错误，"埃克森·瓦尔迪兹"（Exxon Valdez）号
以及英国石油公司的"深水地平线"（Deepwater Horizon）石油
泄漏事件对鱼类在偏远地区和远离海岸线的栖息地产生了持
久性的巨大破坏。

水坝
Photo by John Gibbons on Unsplash

约翰·史密斯对鱼类种群数量有什么看法？

早期的统计没有给出一个精确的数值，但是它们给出了一个大概的范围，从中可以知道我们失去了什么。报告中可能确实存在一些耸人听闻的夸张表述，但毫无疑问的是，鱼类的数量的确因为其栖息地的退化甚至丧失和遭受到人类的过度捕捞而正在减少。

一位在加拿大工作的法国科学家达尼埃尔·保利引入了"变化的基线"（changing baseline）这一概念。每个时代的人都会以自己小时候的自然生态条件作为参考与现状进行对比。我们必须小心谨慎地确定一个真实的历史基线，而不是以 20 年或者 40 年前的基线作为参考。为了完成这项工作，科学家和历史学家已经开始利用古生物学和历史学的研究工具来查阅历史资料，并建立历史丰度数据库。

补充型捕捞过度与生长型捕捞过度有什么区别？

过度捕捞由补充型捕捞过度和生长型捕捞过度两种形式

构成。

鱼类补充量是指新增一年生以上能够产卵的鱼类数量。补充型捕捞过度是指水域中没有充足的能够产卵的鱼类对鱼群数量进行补充。

根据生态学理论,鱼类补充量最终由栖息地环境决定,环境中的食物是否充足、是否有躲避捕食者的屏障都是重要因素。在有些情况下,环境容量达到上限时,有些鱼卵以及幼苗将会离开它们的栖息地。当只是存在少量捕捞的情况时,可能还会有足够多的栖息地供成熟鱼的鱼卵以及幼鱼生长所用。然而,随着渔获量越来越大,鱼群的限制因素不再是栖息地,而是剩余的鱼卵以及幼鱼数量。而剩余的鱼卵以及幼鱼数量则取决于成熟的可产卵鱼群的数量,当水域中可产卵的鱼群数量不足时就是我们所说的补充型捕捞过度。

生长型捕捞过度与鱼类尚未长到合适大小就被捕捞上来有关。鱼类一般在它们幼年的时候生长得很快,随后生长速度就慢慢下降。这是因为它们性成熟以后就会消耗更多的能量用于产生精子和卵子以繁衍后代。如果我们要完全控制所捕捞鱼类的年龄,那样我们就只能在它们停止生长之后再捕捞。

理论上的最佳捕捞时间是在自然状态下它们的生长率与自然死亡率相等的时候。我们所说的生长型捕捞过度就是指我们捕捞那些正在快速生长的幼鱼。每当我们捕捞那些小鱼的时候，我们就是在浪费它们的生长潜力。由于大多数渔具不允许我们捕捞特定尺寸或者年龄的鱼，所以生长型捕捞过度本质上取决于我们的捕捞程度。

我们过度捕捞的产量值取决于补充型捕捞过度与生长型捕捞过度的总和。无论从理论还是经验角度来说，我们都可以得出一个捕捞压力值，其将使我们获得长期的最大持续渔获量。当然，这是在假定自然环境一直稳定的情况下所得出的结论，但是我们需要知道的是人与自然本身总是在不断地改变我们所生活的环境。关于天气因素的影响见第 6 章。

休闲渔业与商业渔业能否共存？

2007 年，在休闲渔业代表们进行了激烈的政治游说后，条纹鲈被宣布为美国联邦水域的一种可供垂钓的鱼类。这份声明禁止在海岸线以外的海域进行商业捕捞，但由于一开始就不允许在美国联邦任何水域里捕捞条纹鲈，所以这份声明显得毫无意义。这样的局面只是反映了休闲渔业与商业渔业之间的矛盾。同时,游说仍在继续进行,他们希望进一步开放更多具有价值的鱼类成为可供垂钓的鱼类,从而打破商业渔业的诸多限制。

休闲渔业与商业渔业可以同时存在,但是这种情况相当困难。没有什么比看到一艘商业渔船拖运数百条鱼更能激怒休闲垂钓者的了。而当商业捕捞者听到休闲渔业代表们在众议院坚定地宣称垂钓者只是钓走了一两条鱼而已,所有的问题都

休闲垂钓者
Photo by Ali Hegazy on Unsplash

是商业渔业造成的之后,几乎要气得发疯。

在保护鱼类的时候讨论谁杀死了鱼是没有意义的,毕竟死去的鱼已经死去了。

在发达国家,相对于商业捕捞来说,休闲垂钓者捕捞的鱼根本算不上什么。但是对于某些珍贵的鱼类来说,情况则完全相反。这些珍贵的鱼类基本上体型都很大,而休闲垂钓者所捕捞的数量基本上占这些鱼类的总渔获量的一半或者一半以上。

但是本书是讨论过度捕捞,而不是讨论不同群体的渔获量的。我只能说由于垂钓者数量庞大,他们游说的政治力量似乎会使他们在这场谁能得到鱼儿的战斗中走向胜利。

4 现代工业化渔业管理

管理良好的渔业应该是什么样子？

2009 年 9 月 10 日，《经济学人》杂志以蓝鳍金枪鱼和东白令海狭鳕为例发表了一篇题为《两种渔业方式：如何故意或者意外地掠夺海洋资源》的文章。这篇文章说："有两种过度捕捞海洋生物的方式：一种是无视科学建议，肆无忌惮地捕捞鱼类（指蓝鳍金枪鱼）；另一种是一开始接受建议，但慢慢发现这个建议没有想象中有用（指东白令海狭鳕）。"东白令海狭鳕渔业是美国相关管理系统的骄傲，但被国际媒体视为管理不善。绿色和平组织，发表在《经济学人》杂志上的文章所引用消息的主要来源，在渔业是否处于崩溃的边缘这一问题上已经理论了很久。他们的网站在 2008 年 10 月发表声明："就如同华尔街的金融机构会因监管不力和管理不善而倒闭一样，狭鳕渔业也快速走向崩溃……每年，渔业管理者都想要捕获大量鱼类来获取最大的利润。即便科学告诉他们鱼类繁殖数量跟不上，需要他们减少渔获量，他们依然不停地捕捞。"

人们关注狭鳕的原因是，其丰度不断下降，从 1995 年的 1280 万吨到 2008 年的 410 万吨。而每年的渔获量从 150 万吨下降到 80 万吨。环保组织认为这一数据表明狭鳕已趋于崩溃的边缘,北方鳕鱼数量锐减的故事正在重演。美国国家海洋渔业局是负责东白令海狭鳕科学研究的美国政府机构,认为这一减少的趋势是自然现象。1280 万吨是历史最高水平,是在幼鱼经过数年优良的生存之后达到的。他们认为长时间保持这个历史最高水平是不可能的,特别是现在有迹象表明幼鱼的数量低于平均水平(因为最近几年的环境条件不太适合幼鱼生长)。科学家之前预计狭鳕数量会低于平均水平,但是鉴于目前的环境还不错,狭鳕种群数量可能会慢慢恢复。科学家的推测后来被证明是对的:到 2011 年,狭鳕数量回升到 960 万吨,允许的渔获量也提升到 130 万吨。

东白令海狭鳕渔业规模庞大,其中 40% 是由 16 家大型工厂冷冻拖网渔船直接在自己船上处理,60% 是由 82 条捕捞船捕捞之后送回岸上或者交给 3 艘母舰进行下一步的处理。这些可用的狭鳕数据让大部分的渔业管理者羡慕,因为如果想要管理好渔业,就需要先从科学设计的调查中了解趋势。对于狭鳕来说,每年都会有两项调查。管理者需要知道捕获了多少鱼,如果可能的话,也想知道有多少鱼被丢弃(或者被放回海里)。在狭鳕渔业中,每艘大型船只上都有 2 名观察员来检查分别捕获和丢弃了多少鱼,这一措施意味着捕捞行动都在严密的监控之下。在捕捞船队中,有 80% 的船只上都有观察员。此外,还有一个大型研究项目旨在研究东白令海的生态系统情况,所选取的一些物种虽然没有太大的商业价值,但是可以很好地帮助我们了解生态系统的大致情况。自从美国划分了 200 海里的专属经济区用于捕鱼,从东白令海和阿留申群岛所捕捞到的所有鱼类已经达到了 200 万吨。这意味着数年来实际允许渔获量少于科学家所预测的生物学上可接受的渔获量。例如,1991 年的允许渔获量是 170 万吨,但实际渔获量只有 120 万吨。与北大西洋的渔业不同,狭鳕渔业是一个新的领域,而且现在的数据非常接近 1977 年初的数据。然而大西洋渔业管理者不能确定大西洋的鱼类在各个历史时期的数量,而在阿拉斯加州,我们都知道狭鳕数量在 1995 年(或至少从刚开始捕捞狭鳕算起)达到了历史最高值。

是什么原因使得狭鳕渔业成了可持续管理的一个范例?

狭鳕渔业脱颖而出是因为其数量丰富,并且捕捞控制规则也偏于保守,给狭鳕捕捞总量设置了一个生态系统范围的上限值。其他渔业很少有这种程度的观察覆盖率和调查频率。狭鳕捕捞控制规则只允许捕捞所有种群中相对较小的一部分,从1991 年起至今的平均比例大约为 15％。最后,在整个生态系统中每年最多只允许捕获 200 万吨,在一定程度上确保了整个生态系统不会像其他地方一样受到严重影响。

为什么每年的允许渔获量变化如此之大?

一旦科学家确定了狭鳕的数量,就可以根据发布的捕捞控制规则[渔业管理计划(fisheries management plan,FMP)的一部分]计算出允许渔获量。这个规则很简单:如果鱼类种群丰度高于目标生物量,那么允许渔获量就占现有生物量的固定比例,这个比例能够维持最大持续渔获量。如果鱼类种群丰度低于目标生物量,那么渔获量也要减少;如果现有生物量接近最低限额值,那么渔获量就要锐减至零;如果现有生物量已经达到最低限额值,所有的捕捞都要停止。这一规则是为了保证在环境条件好的时候保持最大持续渔获量,在环境条件不好的时候减小捕捞压力。

即便没有捕捞,每年鱼类的数量也在不断变化。环境条件好的时候鱼类生长、存活情况良好,环境条件不好的时候则要差些。这些好的和坏的时候通常一起来而不是各自随机出现。对狭鳕来说,20世纪90年代的生存条件不错,但21世纪初条件较差。因此,狭鳕数量在20世纪90年代增多而在21世纪初减少,可持续渔业管理计划下的渔获量自然也是如此。狭鳕渔获量的减小正是在良好的管理系统之下应该出现的现象,而绝对不是种群崩溃的征兆。

当然,也有人试图将渔获量作为衡量鱼类种群是否健康的指标。现在,如果渔获量总是保持在一个特定的比例,那么可以这样衡量,但是一旦鱼类丰度较小时,就需要调整这个比例了,渔获量减小的速度要远远大于丰度减小的速度。然而,200万吨的渔获量意味着在狭鳕丰度较大的情况下,渔获量所占的比例非常低,实际上只有丰度从较大值开始减小时,人们才能发现渔获量的比例在上升。

什么是资源评估?

资源评估是一个科学程序,整合所有可用数据来估计鱼类丰度的历史趋势是什么情况,渔获量比例如何,鱼类资源生产力如何等。这些数据包括鱼类的历史丰度情况,渔获量的大小,鱼类尺寸及其平均年龄和平均长度(称为年龄和长度分布)。分析的重点是利用某些数学计算整合这些数据,估算鱼类的出生率和死亡率。一般来说,一个小团队的科学家先进行初步计算,再利用几种标准进行评议。以阿拉斯加狭鳕为例,已经建立了一个使用多年的数据分析模型。每年,捕获数据、调查数据和年龄分布等数据都会被及时更新。这一分析模型首先由美国各州和联邦科学家组成的计划团队来审查,然后由北太平洋渔业管理委员会(North Pacific Fishery Management Council)下属的科学和统计委员会(这一委员会由大量独立学者和政府科学家组成)进行进一步的同行评议。

什么是观察员计划?

捕捞船上的观察员的任务是记录捕捞行动的数据。通常情况下,观察员记下捕鱼的时间、地点、捕上船的渔获物和其他被扔在一边的东西。捕获的物种并不仅限于鱼类,海洋鸟类和哺乳动物也因为关系到生态系统而引起了人们的兴趣。通常,观察员负责获取相应科学样本,这些样本有助于确定所捕获鱼类的数量,并测量该鱼类样本的长度。他们也会取鱼的耳骨作为样本,其中的"耳石"就像树木一样具有年轮,可以帮助确定相应鱼类的年龄。在有些情况下,观察员的主要目的是协助科学研究,而在其他情况下,他们则负责执行法规。

为什么在世界渔业中没有更多的观察员计划?

狭鳕渔业中观察员的覆盖率非常高,但是很多其他渔业根

海鸟
Photo by Mariam Soliman on Unsplash

本没有观察员。即便像新西兰这样拥有大型渔业产业的国家，其观察员的覆盖率可能还不到 10%。要想真正地了解渔业，就必须要有观察员，特别是需要记录下什么东西被扔进海里了。渔获量可以通过进入港口的船只进行抽样调查来推测，捕捞位置可以由卫星跟踪系统确定。但仅仅依靠渔民提供的数据来确定是不可靠的，因为他们或许会为了更多的利益篡改数据。

那么，为什么不在渔业中安排更多的观察员呢？第一，观察员的成本太高；第二，渔民通常不喜欢船上有观察员，特别是这些观察员有执法权的时候；第三，在一艘小船上，通常很难给观察员安排足够的空间；第四，好的观察员很难留住，这份工作虽然很有趣，但同时也有很多困难，需要长时间远离家人和朋友待在海上。

自动相机已被应用在很多渔业中，可以帮助解决观察员人数太少的问题。通过连续拍照，照片可以覆盖整个渔船的甲板，而且根据不同的捕鱼性质，通过照片可以看到什么被丢弃了，并确定其种类，甚至有时候可以测量单条鱼的长度。当然，相机并不能代替生物采样，但现在看来，未来将有更多的渔业使用自动相机拍摄，这是一个进步。

什么是认证渔业？

我们习惯且需要一个机构来证明某个产品符合一定的标准。我们希望我们所吃的肉是经认证适合食用的，孩子的玩具是安全的。在渔业领域，最有名的认证机构是海洋管理委员会（Marine Stewardship Council，MSC），它是一个非政府组织，最初是由世界自然基金会和大型食品公司联合利华成立的。为了更好地管理渔业，MSC 建立了一套标准。如果某种鱼类可以贩卖，那么它们会被贴上 MSC 的标签，表明这些鱼可持续捕捞。很多的大型食品连锁店，包括美国的沃尔玛，承诺只售卖 MSC 认证的海鲜，这反过来也促进渔业按照 MSC 的标准进行捕捞。

认证过程很复杂，而且容易引起争议。MSC 认证工作流程如下：与渔业有重大利害关系的团体——通常是政府机构或者渔业协会，向 MSC 申请认证。首先，他们需要雇用一个独立的认证机构来监管这一程序，这个认证机构必须是 MSC 认可的专门负责监管这一程序的咨询公司；其次，这个认证机构雇用一个顾问团队（通常有 3 个人）根据 MSC 的标准打分。

这些标准包括：鱼群状态、可用的科学管理数据、管理系统和渔业的生态影响等。如果分数合格，那么该渔业就可以获得MSC的认证。每项标准都有一个最低分，如果有任何一项或多项不合格，那么只有在规定时间内整改至合格才能获得认证。很多被认证的渔业在最初认证的时候都被加了一些附加条件。

一旦认证团队打出了分数，客户和其他的利益相关者都会对这一分数进行反馈，然后根据这些反馈，可能会重新进行评分。第二次的评分则由第二个独立的科学家团队来完成。最后，如果客户或者利益相关者还是对评分不满意，他们可以提出上诉，MSC会成立"仲裁委员会"，进一步展开调查。

一旦认证成功，那么每年都会审查是否满足条件，是否有任何变化会影响其评分。阿拉斯加狭鳕渔业是MSC认证的世界上最大的鱼类产业（在2005年认证），并在2010年重新进行了认证。

MSC的认证程序一直备受争议，渔业界认为其标准及成本太高，而非政府环保组织则认为标准已经很低了，而且该认证程序的成本是由渔业界自己承担的，这其中可能存在猫腻。最具争议的主要是针对南乔治亚岛沿岸的小鳞犬牙南极鱼（见

第 12 章)和南极磷虾的认证程序。截至 2011 年,有 102 种鱼类产业成功获得认证,占人们可捕捞鱼类的 12％,另外还有 142 种鱼类产业的认证程序正在进行中。

为什么一些非政府组织认为东白令海狭鳕渔业的管理并不是很好?

绿色和平组织及其他海洋环境保护组织等非政府组织对

海狮
Photo by Jay Ruzesky on Unsplash

狭鳕渔业的担忧主要有三点。在他们看来,在 2006 年到 2009 年之间,狭鳕丰度以及渔获量的减少就是管理不善的标志,意味着狭鳕的渔获率太高。更重要的是,他们担心捕捞狭鳕会减少海洋哺乳动物和鸟类的食物,特别是被列为濒危物种的北海狮(在 20 世纪 60 年代至 80 年代曾大幅度减少)目前在阿留申群岛的数量似乎仍然在减少。此外,东白令海和阿留申群岛的海洋哺乳动物与鸟类数量一直在下降,有人认为其原因是人类捕获了它们的食物——狭鳕和其他鱼类。

最后,狭鳕渔业也捕获许多其他鱼类,特别是鲑鱼。这是一个非常有意思却又复杂的现象。狭鳕渔业是世界上捕获每吨目标物种时一起捕获的其他物种兼捕渔获物所占比例最低的渔业之一,但由于狭鳕渔业的产量如此之大,所以兼捕渔获物总量仍相当可观。例如,这几年已经捕获到了大量的大鳞大麻哈鱼。考虑到兼捕渔获物所占的比例,狭鳕渔业在捕捞狭鳕用于生产海洋食品方面可以说是一个很好的例子,因为其对其他物种的影响很小,但是当狭鳕渔业会捕获大量其他物种时,它就成了相关非政府组织的关注目标。

5 经济型捕捞过度

过度捕捞仅仅是生物学问题吗？

长期以来,太平洋大比目鱼渔业被认为是可持续经营的典型例子。1923 年,美国和加拿大成立了国际太平洋大比目鱼委员会来共同管理太平洋海岸大比目鱼资源。自 20 世纪 40 年代以来,该资源一直处于健康状态,被认为没有过度捕捞现象,并在 20 世纪 90 年代达到了创纪录的丰度。

但是并非所有人都对这个状态表示满意。阿拉斯加州最重要的渔业是开放获取渔业。任何想钓鱼的人都可以花很少的钱获得许可证。于是,当地的渔船数量从 20 世纪 50 年代的几百只增加到了 20 世纪 80 年代的 4000 只。但是由于不能使总渔获量增加,只能相应地将捕捞季缩短。在 20 世纪 60 年代,捕捞季一般有 4 到 5 个月,而到了 20 世纪 90 年代初期,有些地方的捕捞季只有 1 天。捕鱼就像德比赛马一样,几千只渔船在听到开放的号令后立即开始工作,在 24 小时后结束捕捞并返航。

渔业同样充满了危险。如果在开放日发生了风暴,渔民们将面临一个残酷的抉择:要么留在家中放弃一年的收入,要么冒着生命危险出航。很多选择出航的人因此失去了生命。

大比目鱼需要用多钩长线来捕捞,这种位于大洋底部长好几英里①的渔线十分牢固,上面均匀分布着带饵钩。很多时候渔民都放置许多这种渔线,却在结束的时候来不及收回它们。这些被遗弃的渔线在海里像幽灵一样捕杀着大比目鱼,直到渔线上面的饵料耗尽,然而那些已经被杀死的鱼却无法复活。

最新鲜的大比目鱼由于可以进入高端餐饮业而在市场上具有最高价值。但是由于捕捞季仅有 1 天,数百吨大比目鱼只能被冷冻起来,因而失去了很大一部分价值。很显然,在 20 世纪 90 年代初期,阿拉斯加州的大比目鱼渔业从生物学角度讲是成功的,但是造成了极大的经济损失。

什么是个体捕捞配额?

1995 年,阿拉斯加州的大比目鱼渔业从开放获取转型,开始实施一种叫作"个体捕捞配额"(individual fisherman's quota,IFQ)的制度。在开放获取渔业中,捕捞季的长短可以

---

① 1 英里≈1.61 千米。——译者注

适时调整,所以实际渔获量几乎与总允许渔获量相当。而实施个体捕捞配额制度,总允许渔获量在个体渔船或者那些许可证持有人之间分配。每个渔民都知道自己的具体配额,因此他不能捕捞超过其配额的鱼。

虽然有时会考虑其他因素,例如最近投资购买了大渔船,以及为渔获量较低的患病渔民提供定量供应等,个体捕捞配额通常主要依据该渔船以往的渔获量占比来分配。

由于确定了个体捕捞配额,渔民们可以自由选择什么时候用多大的渔船进行捕捞。他们同样可以变卖或者出租他们的配额给其他渔船。所以,我们就需要处理个体可转让配额(individual transferrable quota,ITQ)。在阿拉斯加州大比目鱼渔业中,配额是可以转让的,但是为了防止有人囤积过多的个体捕捞配额,相关规定禁止个体渔船拥有超过总允许渔获量0.5%的配额。

实行个体捕捞配额制度有哪些益处?

个体捕捞配额制度结束了渔船间的捕鱼大赛。渔民因此也没有必要为了与同行竞争而换更大的渔船。在开放获取渔业中赚钱的最佳途径就是比别人捕捞更多的鱼。要想在实行个体捕捞配额制度的渔业中获利,只有通过减少捕捞支出和提高捕捞上来的渔获物的品质以卖出好的价钱。

最重要的是,实行个体捕捞配额制度后渔民更加安全了。渔民不必因为捕捞季的限制而强行出海,他们在风暴来临的时候可以停泊在港口或者某个安全的地方避难。"幽灵捕捞"的情况大部分也已被消除,因为渔民没有理由将昂贵的捕捞装备丢弃在海里。

停在港口的渔船
Photo by Chris King on Unsplash

因此,实行个体捕捞配额制度的渔业是十分有利可图的,而且一旦个体捕捞配额制度转变为个体可转让配额制度,渔民就可以将自己的配额卖掉,从而退休颐养天年。

大部分渔民面临着船多鱼少的情况,这使得他们难以退休或者改行。由于现在已经有过量的渔船,渔民投资的渔船以及捕捞装备的价值大幅度缩水。然而在个体可转让配额制度下,许多渔民会将有价值、有市场的捕捞资产卖给那些继续从事捕捞事业的人,使他们捕捞更多的鱼。通过这样的交易,个体可转让配额制度使得渔船数量正在减少。

此外,个体捕捞配额制度带来的最大好处是提高了捕捞上岸的鱼的品质,现在超市里面全年都有新鲜的大比目鱼供应。个体可转让配额制度给那些得到较多配额的渔民带来了可观的收入。个体可转让配额的市场价格通常远高于渔获物的年度价格。

例如,2009 年,每磅大比目鱼的平均到岸价格是 2.33 美元,而每磅个体可转让配额的价格是 19 到 22 美元。当个体可转让配额价格是大比目鱼的平均到岸价格的 8.8 倍时,一个每年捕捞到价值 10 万美元的鱼的渔民可以通过卖掉个体可转让配额赚到 88 万美元。个体可转让配额的价格达到几十万甚至几百万美元也是很正常的事。个体可转让配额制度所聚集的财富在开放获取渔业中是不存在的,因为这样的渔业中存在着捕捞竞争,会使经济效益降低。

个体捕捞配额制度有哪些负面影响?

虽然个体捕捞配额制度与个体可转让配额制度有很多优势,但是并非完美无缺。当渔船数量减少,随之而来的是船主、船长、船员的数量减少。一方面,渔船数量的减少虽然比大量渔船追逐少量鱼类的情况要好,但另一方面,捕捞业所提供的就业岗位越来越少造成了巨大的社会负担,特别是它周边的服务行业如造船厂、燃料码头、织网厂、杂货店等都在减少。船主降低成本的后果必然是支持船队的行业的销售额和就业机会减少。

个体可转让配额制度使一些渔民逐渐远离传统的捕捞群体。这时候个体可转让配额持有者会移居城镇,更普遍的情况是,他们将个体可转让配额卖给那些住在城镇或者大都市里的人,因为这些人离银行以及首都更近一点。当进入渔业的花费高达百万美元的时候,那些在小的孤立的团体里的人很难进入渔业。可能个体可转让配额制度最大的争议在于它所产生的巨大财富。那些一开始就被分配了个体可转让配额的渔民可以收获所有的初始利益。这种情况就可以被视为将公共资源分配到少数人手上,这些人最终可以通过将其变卖而在退休时成为百万富豪。一旦所有个体可转让配额的初始持有人离开渔业,新进入者将不会享有同样的收益,但相对来说,他们仍将享受更稳定的经济回报,可以在整个捕捞季自由捕捞,从而获得稳定的渔获量,而不是在仅仅一天的开放日中掷骰子。

个体捕捞配额制度与个体可转让配额制度的设计和结构完全取决于最终的目标。

例如在新西兰,追求经济效益是最终目标,就业则完全由市场决定。个体可转让配额越来越多地掌握在少数大型企业和没有从事捕捞的投资者手中。那些真正在海中从事捕捞的人通常没有投资个体可转让配额,他们只拿工资或者按渔获量拿工钱。投资个体可转让配额与投资其他的资产一样充满了风险。

阿拉斯加州专门制定了政策来保证个体可转让配额在从

事捕捞的渔民手中。那些新的购买个体可转让配额的人必须下海捕捞。这样就防止了类似新西兰那些岸上投资者的存在。

什么是经济型捕捞过度？

经济型捕捞过度是指捕捞压力过大，导致捕捞作业无法实现利润最大化。

捕捞压力是捕捞船只数量乘以捕捞努力量，也就是指渔船出海捕鱼的天数、撒网的总量或者放出去的渔钩的数量。存在着一个合适的捕捞努力量，能从自然生态系统和种群中获得最佳持续渔获量，任何超出的捕捞努力量都会导致产量型捕捞过度。与此类似，同样存在一个最适捕捞努力量，能使渔民获得最大的经济效益，任何超出的捕捞努力量都会导致经济型捕捞过度。

一般而言，为追求利润比为了获得最大生物学渔获量进行捕捞所需的捕捞努力量要小。渔业的利润来自收入与成本的差值。收入由渔获量决定，成本则由投入的捕捞努力量决定。因此，当我们将产生最大生物学渔获量的捕捞努力量减少10%的时候，成本同样会降低10%，但是收入只会降低1%～

2％，最终少捕捞一点却会更有利可图。但具体降低多少则因鱼类种群数量以及渔具的不同而异。

通常，大比目鱼的价格会随渔获量的减小而升高。

同时，为追求利润而捕捞还有额外的好处。渔获量越小，对环境的破坏就越小，鱼类种群数量就越多，甚至更加稳定，兼捕渔获物也越少，渔具对敏感生境的影响同样就越小。

世界渔业的总体经济效益如何？

简言之，渔业经济效益不高。

2009 年，世界银行与联合国粮食及农业组织发表了名为《沉没的数十亿：渔业改革的经济理由》的联合报告。他们估计，在 2004 年，世界渔业的 75％ 由于过度捕捞，每年遭受 500 亿美元的经济损失。这些经济损失相当于当年所有鱼类到岸价值的 64％。事实上，过量的捕捞努力量以及过多的补助使得渔业大部分的潜在经济价值被浪费了，仅 2000 年的补助就达到了 100 亿美元，大部分补助花在了更便宜的燃料上。

我们应该怎样预防经济型捕捞过度？

从长远来说，消除捕鱼竞赛和减少会增加捕捞努力量的补贴，对阻止经济型捕捞过度大有帮助。

当允许进入渔业的人数被限制，并将捕捞配额分配给业内人士时，渔民间的捕鱼竞赛就消除了。可以通过个体捕捞配额制度实行分配，或者通过给捕捞团体一些特权实行分配，而这些团体自身已经发展出社会可接受的内部分配方案。补助使渔船越来越大，大得超出了最佳经济效益所需的规模。当取消补助之后，渔船的规模就不会如此快速地增长了。

没有什么会比建立 200 海里专属经济区更重要的事了，这样国家就能控制离其海岸线 200 海里以内的渔业资源。这是一项真正值得赞美的制度，最终国家建立了法律体制来阻止捕鱼竞赛。只要外来船只可以随意进入海域捕捞且不受到任何惩罚，降低捕捞压力就没有希望。如果这片海域还有利可捞，那么就会有人前来捕捞，直到今天，这仍然是 200 海里以外的海域存在的问题。

1968 年,加勒特·哈丁(Garret Hardin)发表了一篇名为《公共地悲剧》(*The Tragedy of the Commons*)的文章,这是最具有影响力的科学论文之一。他在其中写道,像鱼类这样的公共资源注定是会被过度开采的。那些提倡实行个体捕捞配额制度与个体可转让配额制度的人相信可以通过将捕捞权交到个体手中解决这个公共地悲剧。但是也有反对者认为这是将公共资源分配给少数人,并使他们从中获利。

除了将渔业私有化之外,还有其他解决这场悲剧的方法吗?

埃莉诺·奥斯特罗姆(Elinor Ostrom)因为研究这个问题获得了 2009 年诺贝尔经济学奖。她证实了有很多公共财产资源被社区共同管理得很好,它们在合理范围内被开采利用。她发现当这些社区具有某些特点时,例如拥有特别强大的领导力、社会凝聚力以及拥有独家资源时,它们就可以找到可持续的管理方法,以避免发生公共地悲剧。乌拉圭人尼古拉斯·古铁雷斯(Nicolas Gutierrez)为了完成他的博士项目,研究了将近 200 个被共同管理的渔场,在这里,团队中的渔民在管理方面发挥了积极的作用。他的研究结果印证了奥斯特罗姆的结论。

什么是渔业社区发展配额？

渔业社区发展配额（community development quota，CDQ)是在阿拉斯加州将部分渔业资源分配给当地的社区。

当捕鱼配额按照历史渔获量分配给渔民的时候，只有92%的总允许渔获量被分配给了之前的渔民，还剩8%则预留下来通过渔业社区发展配额分配给那些可以选择自己捕捞或者出租给别人的沿岸社区。在近海的狭鳕、螃蟹还有太平洋鳕鱼渔业，社区会选择将配额出租给那些拥有92%配额的渔业公司。社区有时会规定租赁公司必须雇用当地村民在渔船上工作，这样就能给当地村民带来收入。在大比目鱼渔业，渔业社区发展配额组织经常会将这些配额用于当地的船只。

根据渔业社区发展配额的复杂规定，出租配额的收益不能直接分配给当地村民，而是必须用于与渔业相关的活动。为了遵守这个规定，村民不得不花费一部分收益购买向他们租赁配额的同一公司的所有权股份。结果，阿拉斯加州很多的渔民团体成了大型渔业公司的重要甚至主要的股东。

分区捕捞如何运行？

分区捕捞是个体捕捞配额制度的一种常见形式，这是将捕捞配额分配给一个组织而不是个人。这个组织必须制定出相应的内部分配体系。它可以选择采取内部捕捞竞赛的方式或者在内部实现个体捕捞配额制度。

在东白令海捕捞狭鳕的工厂拖网渔船海上加工船队已经建立了一个大型部门分配制度。他们将总渔获量的 40％ 通过一个类似于个体渔船配额 (individual vessel quota, IVQ) 的计算系统进行内部分配，这样每艘渔船或者每家公司都可以分配到特定的渔获量，并在指定海洋区域从事捕捞。如此一来，这势必会带来丰厚的利润。过去，捕鱼竞争激烈，捕捞季很短，在此期间，船上的工厂被挤得水泄不通，但在随后的几个月内那些渔船却无所事事，会被闲置好几个月。而现在渔船变少了，捕捞时间也延长了，因为渔船之间没有了竞争，每吨到岸渔获物中的可用产品数量几乎翻了一番。这样，利润也相应飙升了。

2010 年，新英格兰地区开始实行大规模的分区捕捞。来自同一港口的渔民分为多组，根据他们的小组历史渔获量的占比进行了总允许渔获量配额的分配,他们将使用相同的工具进行捕捞。现在还很难判断此种制度的运行效果是否良好。

还有其他哪些机制被用于管理鱼类分配?

渔业领土使用权(territorial use rights for fishery,TURF)是一种存在已久的传统形式的管理方法,它是凭借当地社区在本地的特权形成的。第 11 章将讲述在智利的小型渔业中如何执

渔民
Photo by Mega Caesaria on Unsplash

行这种制度。

很多经济学家都提出政府应该拍卖捕捞权，就像拍卖石油、天然气出租权和电视手机的电磁频率出租权一样。捕捞权应该被拍卖，而不是以个体捕捞配额制度的形式直接丢弃。华盛顿州政府通过拍卖一种有价值的大蛤——象拔蚌的捕捞权，每年可以增加 1000 万美元的财政收入，而政府只需要投入 200 万美元对其进行研究和管理。这可能是全美唯一的捕捞权收入高于其管理费用的商业渔业。而从事捕捞的渔民则普遍反对这一制度。因为渔民大多经济拮据，而当实行这种制度后，他们不知道要花费多少钱才能有机会进行捕捞，这就使他们的经济负担更重。

或者可以将个体捕捞配额与拍卖相结合，在最开始的时候可以给渔民分配个人捕捞配额，但是在很多年后，可能是 10 年后，一部分个人捕捞配额将会被政府收回进行拍卖。这种方式可能会给渔民一个极大的经济刺激，使他们选择接受个人捕捞配额，但是长期来看会将财富返还给政府。据我所知，目前还没有任何地方实行这种特殊的制度。

6　气候和渔业

气候是怎样影响鱼类数量的？

鲱鱼是世界上资源最丰富的鱼类之一，几个世纪以来一直是部分地区和国家经济的基础。1855 年，苏格兰的鲱鱼工厂雇用了超过 9.5 万人。1864 年，英国科学家约翰·米切尔（John Mitchell）在其研究鲱鱼的文章中引用了居维叶（Cuvier）的几句话："咖啡豆、茶叶、热带物种、蚕等对于国家财富的影响不及北方海域的鲱鱼。一些奢侈品可能会需要前者，但鲱鱼是必需品。最伟大的政治家、最聪明的政治经济学家，都将鲱鱼渔业视作最重要的海上探险。鲱鱼渔业被称作伟大的渔业。"1950 年至 2000 年，人类捕捞的大西洋鲱估计超过 1 亿吨，约占全球渔获量的 5%。

目前，欧洲有两个大型鲱鱼种群：一个是在春季产卵的挪威鲱鱼种群，约有 1200 万吨；另一个是北海鲱鱼种群，约有 150 万吨。北海鲱鱼现在主要是 7 月至 10 月在苏格兰东北海岸产卵，但历史上它们在整个北海沿岸都产过卵。它们在海底的粗沙砾和小石头上面产卵，这些卵顺着海流抵达北海东部和斯卡格拉克海峡/卡特加特海峡，在这里，这些卵要长到 2 岁。

鲱鱼及其近亲因在数量上有很大的波动而闻名。衡量鱼群健康与否的一个很重要的指标是产卵个体的总重量,叫作生殖群体生物量。挪威鲱鱼春季生殖群体生物量在 1950 年达到 1400 万吨,但在 20 世纪 70 年代早期只剩几十万吨,在 2008 年又回升到 1200 万吨。北海鲱鱼群体在 20 世纪 60 年代超过了 200 万吨,到 20 世纪 70 年代末降到不足 10 万吨,目前又回升至 150 万吨左右。这些差不多有 100 倍的波动现象在鲱鱼、沙丁鱼和鳀鱼的种群中都出现过。

仔鱼和幼鱼的存活率取决于洋流和食物。鲱鱼产卵的时机就如同微观植物和动物的繁殖过程一样,对于其仔鱼的存活非常重要。如果时机正确,那么其仔鱼就能找到足够的食物,大量仔鱼得以存活下来;但如果时机不对,仔鱼能找到的食物很少,成长缓慢,最后也只有很少一部分会存活下去。

我们都知道,天气是多变的。夏天可能太热,随后又太冷。冬天可能很温暖,也可能冷到令人受不了。但我们依然坚信明年会更好。最近,我们知道了一种叫作厄尔尼诺的天气现象,它与东赤道太平洋的温暖年份有一定的联系,而且我们发现它对全球气候有一定的影响。在过去 20 年,气候学家、海洋学家和渔业科学家已经发现,不同的海洋状况可以持续几十年。第一个就是太平洋十年际振荡（Pacific decadal oscillation, PDO）。它发生在北太平洋,有两个阶段:一个是活跃阶段,在此期间,沿北美西海岸水域温度比平均温度要高;一个是消极阶段,这时温水流向西太平洋,美国和加拿大沿岸水温低于平均值。20世纪50年代初至20世纪70年代末,北太平洋处于消极阶段,之后一直处于活跃阶段。这些阶段并不是说在每年都是温暖的或者寒冷的,而是说这些条件在很长一段时间内都是由驱动洋流和大气环流的特定天气型所主导的,同时也是鱼类所面临的环境。

太平洋十年际振荡现象首次被发现是由于20世纪70年代末阿拉斯加州的鲑鱼数量大幅增长,而且其数量在数百年来一直都在不断变化。在北大西洋有两个相关的现象:北大西洋涛动（North Atlantic oscillation, NAO）和北极涛动（Arctic oscillation, AO）。这两个现象影响着两个主要的天气型——冰岛低压系统和亚速尔高压系统,这些天气型又反过来影响风向和洋流。尽管通常我们不能直接将鱼类生存率同某一年份的特定环境条件联系起来,但海洋条件的十年变化会导致鲱鱼种群出现高存活期和低存活期。

在渔业管理中,由来已久的争论之一是,对于幼鱼的存活率以及最后补充进鱼群中的幼鱼数量(称为补充量)而言,生殖群体生物量是否比环境条件更加重要。"气候学派"认为补充量超出了渔业管理的范围,而"补充学派"则认为幼鱼存活率主要取决于生殖群体生物量。当鱼类被过度捕捞时,能够存活并多次产卵的鱼很少,而且有的鱼根本不产卵。当一连几年的情况都不理想时,就没有足够的雌鱼产卵以补充鱼类数量。如果想知道为什么鱼类数量很少,首要问题就是过度捕捞。

半个世纪以来,这两个学派各有胜负。在 20 世纪 80 年代,气候学派占上风,因为当时看来生殖群体生物量与补充量之间没有什么关系。然而,在 20 世纪 80 年代和 20 世纪 90 年代,因为很多鱼群都被过度捕捞,当生殖群体生物量下降时补充量也在下降,在 20 世纪 90 年代末,"补充型捕捞过度学派"的地位有明显的提升。现在关于过度捕捞的定义都有考虑生殖群体生物量这个因素。如果鱼类数量低于"捕捞阈值",那么就需要采取管理措施减少捕捞。其实气候和捕捞都会对鱼类数量产生影响。在条件好的时候看起来安全的捕捞水平换到条件差的时候或许就不安全了。

到 2010 年,两个学派停止了争论。鲱鱼和许多其他的鱼类中都有充足的证据表明气候在影响着补充量。很多鱼类在

20 世纪 90 年代和 21 世纪早期的丰度达到历史最低值,但与此同时,由于良好的气候条件,补充量可能很高,甚至打破纪录。另一方面,气候影响导致补充量很少时,鱼类的总生物量也会减少。这里就有一个矛盾点,事实与生殖群体生物量的减少导致补充量的减少这一论点可能正好相反,是补充量的减少导致了生殖群体生物量的减少。同时,渔业管理积累了一些常识,开展了良好的生态工作,以保证生殖群体生物量保持在临界水平之上,现在几乎所有的渔业管理计划都试图这样做,以保证未来有足够的补充量。

春季产卵的挪威鲱鱼和北海鲱鱼的现状与管理反映了这种平衡的观点。数量减少是由于气候的影响,但严重减少则是由于过度捕捞。目前,这两种鱼类的捕捞计划都降低了渔获率,并规定了基于生殖群体生物量的捕捞上限。

很多渔业都会受到气候的影响吗?

我们假设所有的渔业多少都会受到气候的影响,那么我们在管理渔业的时候是否需要考虑最近以及将来的气候? 一般情况下,渔业管理机构忽略了气候变化的影响,只是将生产能力的年际变化作为影响鱼类数量的主要因素。但是,人们一旦认识到太平洋十年际振荡对鱼类的影响,就会开始思考生产率的年代际变化情况,而不仅仅是年际变化情况。

目前的研究表明,这些管理机制的变化可能是影响超过一半鱼类种群的主要原因。那么它是怎么影响管理的呢?考虑到管理机制的变化,与不理想的管理机制相比,我们可以在完善的管理制度下收获更多的鱼。但是,当糟糕的管理制度变得非常低效的时候,为了未来,所有的捕捞活动都应该停止。如果一个良好的制度刚开始实行时就已经没有什么鱼可捕,那么要让鱼类恢复数量就会需要更长的时间。

在人类开始从事渔业活动的数百年前是否存在其他渔业?

1969 年,来自加利福尼亚州斯克里普斯海洋研究所的两位生物学家安德鲁·苏塔(Andrew Soutar)和约翰·艾萨克斯(John Isaacs)发表的一篇论文,彻底改变了我们对鱼类数量的看法。他们在沿海海底找到了鱼鳞化石。发现鱼鳞的地方被称作缺氧沉积物,里面没有足够的氧气供细菌分解这些鱼鳞。就像考古一样,他们发现在地层越深的地方,鱼鳞化石越古老。

这让他们得以估算出在历史上不同种类的鱼在一段时间内存活了多少。

　　最有趣的一个研究结果是关于加利福尼亚州沙丁鱼的,20世纪 50 年代这种鱼就在加利福尼亚州附近海域濒临灭绝了,根据历史上对这种鱼长达 2000 年的丰度记载,其数量一直呈缓慢上升趋势,但是在工业捕鱼开始之后数量大幅锐减。20世纪 50 年代这种鱼类资源的崩溃虽然只是人们记录的众多崩溃之一,但它比以往的情况都要严重。使用苏塔和艾萨克斯的

海底
Photo by Yannis Papanastasopoulos on Unsplash

方法调查海洋系统中众多的沙丁鱼和凤尾鱼,结果显示数量的变化都与两人的结论差不多。

一项与苏塔和艾萨克斯的方法类似的技术使用的是氮同位素,被用来检测北太平洋的太平洋鲑鱼的丰度历史。在这些研究中,可以清晰地看到几百年前的太平洋十年际振荡。虽然鲑鱼数量的最高点和最低点没有沙丁鱼和凤尾鱼那么明显,但这种技术可以让我们清晰地了解到鱼类数量变化和自然变化情况。总体来说,还是气候影响比较大。

我们如何判断鱼类数量的下降是由于气候还是捕捞压力的影响?

世界各地的渔业管理者都想不出来,到底鱼类数量会在什么时候下降。很遗憾,我们对于气候怎么影响鱼类生产能力这一方面了解得很少,像"温度上升了 2 ℃,所以存活率将下降 5 %"这样简单的结论是不准确的。一旦天气情况由好变坏,渔业问题就变得特别棘手,不管有没有捕捞,鱼类数量都在下降。我们怎么解释鱼类高生产力和高种群规模之后的低生产力和低种群规模? 能否说捕捞压力或者气候原因导致了生产力的降低和种群规模的减小？或者更进一步,是这二者共同作用导致了这些现象？要想真正了解气候怎么影响鱼类生产力可能需要很多年。现在人们普遍接受一种说法,那就是气候和捕捞压力共同影响了鱼类生产力。现在不管谁的影响更大,当鱼类数量减少的时候,我们要做的就是保留足够的生殖鱼群,一旦时机转好,数量就能恢复到正常水平。

在海洋变暖时,哪些因素会影响渔业？

毫无疑问,海洋正在逐渐变暖这一现象会影响鱼类。我们发现北半球的鱼类每年都在往更北方迁徙,从中可以知道有一些鱼类在面临海洋变暖这一现象时有更好的应对措施。但是简单地认为鱼类自己会向北极或南极迁徙以保证其生存这一想法是非常天真的。虽然鱼类向极地移动比植物或者陆地动物要容易得多,但是其生存需要的食物(海洋初级生产力)一般都在其通常的栖息地。很多物种的生产力取决于其栖息地和食物,如果鱼类的食物也向两极迁徙,但是鱼类还可能找不到好的栖息地,这也可能影响鱼类生存。海洋初级生产力是洋流和海底层之间复杂的相互作用的结果,尤其是大陆架和有上升流系统的地方,这些系统将营养物质从深海运输到海面,成为初级生产力的基础。

诺贝尔物理学奖获得者尼尔斯·玻尔(Niels Bohr)说过:"预测总是很困难,尤其是对未来的预测。"虽然我们正在推测气候对于鱼类数量的影响,但是这些预测值得怀疑,我们必须保留自己的判断。渔业管理的关键是预测并适应不断变化的海洋生产力。

海洋酸化会有什么影响?

从过度捕捞和渔业管理的角度来看,海洋酸化是气候变化中最可怕的一个方面。大气中的二氧化碳不断增加导致更严重的海洋酸化。我们已经了解到即便是很微小的酸度变化,也会影响到或大或小的有机体形成外壳的能力。已经有大量的理论和实验数据表明,高度可取的从牡蛎、蟹和珊瑚到小的颗石藻和有孔虫类组成了海洋食物链的基础,在酸性更强的海洋中它们可能无法形成外壳,因而难以生存。

另一方面,其他物种也有可能充当食物链的基础,成为海洋初级生产力。这就是坏事之中的"好事"。但我们还不知道什么样的物种可以充当这一角色,以及它对海洋食物链的影响如何。在酸性环境下长大的鱼类,味道可能跟平常完全不同,甚至可能难以下咽。

7 混合型渔业

一种渔业能够捕捞多种鱼类吗?

很多渔业只能捕捞单一种类的鱼。许多大型渔业都是这种模式,包括世界上最大的渔业秘鲁鳀渔业、美国最大的渔业阿拉斯加狭鳕渔业以及欧洲鲱鱼渔业。而有很多渔业可捕捞多种鱼类,属于混合型渔业,其中一些物种丰富且十分高产,但是有一部分则面临威胁,需要进行保护。这样就更难确定这些混合型渔业的合适的捕捞压力。

北海的拖网渔业就是典型的混合型渔业。来自荷兰、丹麦、英格兰、德国、挪威、苏格兰、威尔士、法国以及比利时的渔船都会来到这里捕捞鳕鱼、黑线鳕、鲽鱼以及绿青鳕等重要鱼类。他们通常使用拖网捕捞。鱼从网的前端进入后随着水流慢慢滑入网的末端,这被称为"鳕鱼之底"。

环保组织给予了这些渔业极大的关注,因为这些渔业是混合型渔业,捕捞活动对海床具有很大的破坏性。北海是世界上存在密集拖网情况比较严重的区域之一。在 20 世纪 90 年代中期,该地区的拖网作业时间超过 200 万个小时。然而,每个地方的拖网作业压力是不均匀的,有的地方拖网作业过于频繁,每年会有几次有网经过,而有些地方则几乎不受影响。

　　利用帆船进行小范围的拖网捕捞始于 14 世纪。但是在 19 世纪 90 年代蒸汽机被广泛使用后,大规模的拖网捕捞开始盛行,而且早在 1900 年,北海的鱼类数量就已令人担忧。1900 年,牛津大学的沃尔特·加斯唐评论道:"据我所知,我们不得不面对这样一个既定事实,鱼类数量不仅仅是大幅度减少,而是在我们连续增长的捕捞中渐渐走向灭绝;即使在繁殖季节,渔获率也远大于鱼类的生长繁殖率。"

拖网捕捞
Photo by chuttersnap on Unsplash

北海现在的海床与 100 年前的完全不同,而且 1900 年的
北海与 1800 年相比也是完全不同的。环境历史学家勒内·托
德尔·波尔森(René Taudal Poulsen)研究了鲈鳕和鳕鱼从
1840 年到 1914 年间的变化,鲈鳕在 19 世纪数量庞大,但是之
后就变得稀有了。结合波尔森的研究与我们现在已知的数据
可以发现,20 世纪的鳕鱼的数量高于 19 世纪的鳕鱼数量,并
且其数量在 20 世纪 60 年代至 70 年代之间达到峰值。

幸运的是,我们在 20 世纪初的时候已经关注海洋问题并
记录了一系列科学数据,这使得我们能够将其与 20 世纪的数
据进行比较,了解经过了 100 年的拖网捕捞的海洋中鱼类多样
性和丰度的变化。数据显示,那些被我们作为捕捞对象的鱼类
数量相比 1900 年大量减少,而那些不是捕捞对象的鱼类的数
量则呈增加的态势。那些作为捕捞对象的鱼类的减少使得海
洋竞争压力减小,这样就促使其他鱼类数量增加。可能整体鱼
类的种类在这 100 年间是有所增加的,但是鱼类的整体数量是
维持不变的。然而,这些数据真正的意义在于告诉我们,作为
捕捞对象的鱼类减少了很多。事实上,如今体形庞大的鱼类数
量很少,导致鱼类的平均重量在下降,也就是说比起 100 年前,
目标鱼类的总生物量更少。即使是管理良好的渔业也同样出

现了这样的结果,在北海,一些重要的商业鱼类数量远低于能产生最大持续渔获量的数量。

导致这些问题的主要原因是,在混合型渔业中捕捞那些数量较多的鱼类的时候,很难同时保护那些数量少的鱼类。渔网是永远不会偏心的,它们不会因为某些鱼类数量偏少就会漏掉这些鱼儿,不管我们多么想要保护它们。

鳕鱼和黑线鳕就是典型的例子。黑线鳕现在的数量高于可捕捞水平,而鳕鱼的数量在 2005 年则远低于可捕捞水平,每年几乎有一半 2 岁至 4 岁的鳕鱼幼鱼被捕捞。当鳕鱼的渔获率在 20％～30％时才有可能使鳕鱼种群得到恢复。同时,黑线鳕由于数量巨大,要仅维持 20％的渔获率则难度很大。

但是怎样才能只捕捞黑线鳕而不捕捞鳕鱼呢？ 如何只捕捞数量多的鱼而避免捕捞数量少的鱼？

目前有三种不同的方法在不同的地方试行。第一种方法类似于“红点法”。同种鱼类通常会聚集在一个特定的地方。在那些数量少的鱼类的聚集区可以停止捕捞。这种方法在北海试行,但是由于禁渔期越来越短,关闭范围越来越小,很难判断这种方法是否真的奏效。

第二种方法是改造捕捞装置,在捕捞时会倾向于捕捞黑线鳕而不捕捞鳕鱼。鳕鱼在将要触碰到渔网时会选择下沉,而黑线鳕则会向上游。如果渔网底部稍稍高于海床,则会有大量鳕鱼能逃脱被捕捞的命运。在其他渔业,通过改造拖网已成功避免了捕捞海龟以及其他海洋哺乳动物。

第三种方法则依靠渔民对黑线鳕和鳕鱼出现地点的常识判断来避免捕捞鳕鱼。但这种方法只有在有实质性奖励时才可行。在加拿大西部有一个成功的案例,他们限制了每艘渔船

海龟
Photo by Tanguy Sauvin on Unsplash

上不同种类的鱼的渔获量,当某艘捕捞船捕捞的某种鱼类过量时,这艘船就必须立刻停止捕捞,除非它能从其他渔船上租到一定量的配额。为了保证这种制度的执行,岸上的监督员必须记录每艘船的渔获量。加拿大西部和美国西部要求监督员的覆盖率为100%。这种方法目前还没有在欧洲试行。

但是拖网并不是捕捞混合鱼类的唯一工具,任何渔网、渔钩或者圈套都可以捕捞多种鱼类。围网也是一种大型的渔网,可以集中捕捞很多鱼类,一旦有鱼进入围网内,渔网下部就会像一个钱包一样收紧。在有些渔业,渔网可以只捕捞一大群鱼中的一种鱼,例如鲱鱼。然而,当渔民去捕捞鲣鱼和黄鳍金枪鱼的时候,那些更有价值的大眼金枪鱼和其他很多鱼类也被困在网中。无论是商业捕捞还是休闲垂钓,大部分的渔钩和渔线都能捕捞多种鱼类。目前,这些问题都无法解决,需要一代又一代的渔民不断摸索,才能找到有效的解决方法。

鱼类捕捞力度由什么决定?

在没有捕捞存在的时候,水域中鱼群数量每年也都是变化的,这些变化是由鱼群的生长繁殖率以及自然死亡率决定的。

相对于前一年的鱼类数量的增加叫作剩余生产量。一般而言，当鱼类数量偏低时，没有食物竞争，随着数量的增长，剩余生产量是有积极作用的。为了保持种群的稳定，我们的渔获量不能大于鱼群的繁殖量——剩余生产率。由于过度捕捞，欧洲鳕鱼的丰度很小，但是它们的剩余生产率一直很高，大约维持在40％或50％，因此它们依然可以被大量捕捞而不会导致鳕鱼种群完全崩溃。如果每年的渔获率远低于40％或50％，它们的数量将会大幅度增长，有些渔业事实上已经开始这样做了。

海底游动的鲨鱼
Photo by Chris Bayer on Unsplash

与此相反的是,像鲨鱼和鳐鱼这样出生率很低的鱼类,它们的剩余生产率以及持续渔获率都很低。

在混合型渔业中如何平衡高产与低产鱼类?

如果一个渔业中同时可以捕捞高产量与低产量的鱼类,有两种方法可以决定如何进行捕捞。为了达到高产量鱼类的最大渔获量而加大捕捞力度,使得低产量的鱼类丰度减小甚至灭绝(在前些年中有很多绝产的鱼类就发生过这样的事)。如果我们想要那些最不具生产力的鱼类维持较高的丰度,那么就不得不同时降低其他鱼类的渔获量,但如果这样,我们就放弃了很多自然生态系统中潜在的产量。

我们预计如果混合型渔业都按照其最大渔获量进行捕捞,那么平均有30％的鱼类将会减少到很小的丰度。然而当我们将捕捞压力减小到一半时,渔业的产量损失会很小,只有10％～20％。因此很多生产力不佳的鱼类不会消失,鱼类平均资源量将会增加,利润也会增加。

关于我们应该在多大程度上开展混合型渔业捕捞,这个问题并没有唯一的答案，但是综合考虑，只要所有鱼类的渔获量低于最大持续渔获量，那这个程度的捕捞似乎就是非常可取的。

什么是未充分捕捞？

未充分捕捞是指为了可持续地获得最高的产量或利润，实际捕捞的数量小于能够捕捞的数量。

未充分捕捞与过度捕捞还是有一定共性的，因为它们都是实际渔获量小于最大持续渔获量：一个是因为捕捞过度，而另一个则是由于没有充分捕捞。

选择经济型未充分捕捞可能是为了获得最大的利润。根据我们之前的讨论，利润最大化的捕捞通常是未充分捕捞。还有另外一种可能是，对于渔获量是未充分捕捞，但是对于最大利润是过度捕捞。渔获量未充分捕捞听起来与经济因素也有关系，所有的捕捞都会产生生态影响，所以一个社区可能会选择经济型未充分捕捞。

放弃高产鱼类的潜在渔获量来维持低产鱼类较大的丰度是否会更好？

这个问题既没有一个直截了当的答案，也没有存在具体科学依据的答案。根据我们之前的讨论，在最大持续渔获量上适当减少渔获量，既可以获得更大利润，又可以减少对环境的破坏。很显然，美国的法律制定者们决定保护所有鱼类的丰度是值得赞赏的，现在可以运用法律来保护那些濒临灭绝的鱼类。而其他国家由于考虑到食物供给、盈利能力、生态影响以及工作岗位等因素而做出了不同的选择。

我们应该如何管理渔业，以减少渔业的混合性质？

最简单的方法就是通过减少渔获量来降低对濒危鱼类的影响。早前我们讨论过关停区域、改造捕捞装置、对个别船只采取奖励机制等方式的可能性，以找到捕捞高产鱼类而避开低产鱼类的方法。然而，另一种方法是完全改变捕捞装置。例如，捕捞时鱼栅比拖网更具选择性，以及各种形式的渔钩、渔线也能有选择性地进行捕捞。可是改变捕捞装置对管理机构来说是一件十分棘手的事情，因为捕捞通常使用特定的装置。允许使用不同类型的捕捞装置意味着将鱼类从一部分人手中拿走送给另一部分人。试想，假设你是一个使用拖网的渔民，突然失去了属于你的捕捞配额和你在捕捞装置上的投资与收入，这时，你必定会通过一切可行的法律和政治途径来斗争。

我个人认为，最好通过分配集体或个体捕捞配额来为捕捞船队提供直接激励，让他们找到捕获每种鱼类配额量的方法，并给他们自由去自主选择什么时候在什么区域，以及使用什么捕捞装置进行捕捞。

8 公海渔业

蓝鳍金枪鱼在《濒危野生动植物种国际贸易公约》名单上处于什么状态？

在地中海西部的西西里岛地区，每年都会举办"马坦萨"（matanza），这一传统已经持续了近 400 年。当地居民在浅海区域支起一圈漏斗状的围网，当蓝鳍金枪鱼游过来时，它们就被困在这个巨大的围网之中，它们慢慢聚集在一起滑入更小的腔室中，最终到达所谓的"死亡地带"。对很多周边村庄的村民来说，马坦萨不仅仅是猎获食物而已。它代表着团队合作，大家一起围网、捕猎，以及围剿金枪鱼。但是在西西里，马坦萨现在却不是这样的了，那些渔网渐渐在海岸线上腐烂，年轻人都离开家乡去城市谋生，大家一起出海捕捞蓝鳍金枪鱼的传统几乎完全消失了。

蓝鳍金枪鱼呈鱼雷状，游动速度很快，重达 1000 多磅，是海洋里让人印象深刻的一种动物。它们同样是现代过度捕捞的典型代表，很多人认为它们已经濒临灭绝。2010 年，它们被列在《濒危野生动植物种国际贸易公约》的附录Ⅰ里，这一举动使得国际上销售大西洋蓝鳍金枪鱼成为不合法的行为。它们是海洋中大型的鱼类之一,在生物学家看来,它们作为恒温动物生活在冰冷的海水中,游动速度很快,能够完成几英里令人难以置信的迁移,是自然界一项伟大的创造。在寿司爱好者心里,它们是世界上最珍贵的鱼类之一,它们的脂肪含量很高,特别是腹部鱼肉是不可多得的美味,尤其是在食用蓝鳍金枪鱼最多的日本更是如此。

大西洋蓝鳍金枪鱼在地中海以及墨西哥湾产卵。从遗传学角度来说,这两个区域产卵的鱼群在基因上是不同的,但是它们在迁移中产生了杂交品种。大西洋蓝鳍金枪鱼的幼鱼会在出生地生活几年之后开始迁移。它们在 4 岁的时候发育成熟并且可以活到至少 20 岁。有证据显示,墨西哥湾蓝鳍金枪鱼的产卵年龄会稍微大一些。由于它们体形庞大、游动速度快,只有像虎鲸以及鲨鱼这样最大、最快的捕食者才会对它们构成威胁。

直到 1900 年,运动渔业才开始发展,在此之前,地中海马坦萨是唯一重要的蓝鳍金枪鱼渔业。在大西洋以西,蓝鳍金枪鱼是没有市场的,因为人们认为它的鱼肉过于肥腻,直到 20 世纪末期出口市场向日本开放。在第二次世界大战之后,日本在公海开发延绳钓渔业来捕捞大型金枪鱼和长嘴鱼,而蓝鳍金枪鱼是其中最有价值的。这种渔业在 20 世纪 50 年代发展迅速。地中海的公海渔获量在 20 世纪 50 年代达到了巅峰,年渔获量约 30000 吨,之后减少至 5000 到 10000 吨。最大的变化与最大的威胁是地中海渔业本身的扩张,特别是那些使用大型围网的渔业,这些围网可以捕获整个鱼群。渔获量从 20 世纪 70 年代的每年 5000~10000 吨增加到现在的每年 30000 吨,这样的渔获量相当可观。由于金枪鱼幼鱼的重量小于成熟的金枪鱼,这样就使得渔获量大幅度增加。大部分的成鱼被船运到东京市场上,而那些幼鱼就会被活捉,并被拖到附近的海岸,在被喂养长大之后也被杀掉,然后运往日本。

在两种不同类型的大西洋蓝鳍金枪鱼中,数量较多的大西洋东部的蓝鳍金枪鱼受到较多的关注。虽然东部的蓝鳍金枪鱼的消耗量不确定,但是很明显,渔获量太大,丰度很小。根据 2009 年国际大西洋金枪鱼资源保护委员会(International Commission for the Conservation of Atlantic Tunas, ICCAT)向《濒危野生动植物种国际贸易公约》所报告的得知,当年的鱼类丰度为产生最大持续渔获量鱼类丰度的 20%～70%,而当年的实际渔获量,包括合法捕捞、不合法捕捞以及未上报的捕捞,大概达到最大持续渔获量的 2 到 5 倍之高。独立的科学评估也得出了类似结果。毫无疑问,鱼类被过度捕捞,相对渔获率也过高,减少捕捞刻不容缓。

即使现在的鱼类丰度并没有真正小到"接近灭绝"的边缘,但是如果继续维持目前的捕捞速率,那么灭绝将是最终的结果。很多其他鱼类的丰度也维持在相对很低的状态,但是大西洋蓝鳍金枪鱼的问题如此突出就是由于它的捕捞速率高。它还有一个很大的威胁,即来自地中海沿岸的围网捕捞。如果按照目前的趋势,越来越少的蓝鳍金枪鱼被捕捞上岸,那么公海的延绳钓渔业将没有利润可赚,那么在这些鱼群灭绝之前,它们的捕捞压力将会减小很多。但是由于围网捕捞的存在,金枪鱼鱼群会被集体捕捞上岸,就连最后那一条也不会被放过。

国际大西洋金枪鱼资源保护委员会是目前 5 个负责管理金枪鱼公海渔业的国际渔业组织之一。但是这样的组织,特别是国际大西洋金枪鱼资源保护委员会,由于相同的原因,都没有发挥太大的作用。第一,由于在通用的执行方案中既不能使成员意见完全达成一致,也没有最高管理者制定管理规范。这就意味着不管采取什么保护措施,总会遭到那些不情愿的成员的反对。第二,每个国家通常只能负责数据采集,然后对本国的渔船进行管控。这样做的结果是,执行度越来越低,而管理条例已经很宽松了。大量的过度捕捞现象依然存在。而民间的保护组织则指责国际大西洋金枪鱼资源保护委员会是一个捕捞所有金枪鱼的国际组织。从整体来看,很难说金枪鱼的国际保护组织是否真正起到了积极作用。现在还不清楚的是,如果没有公海管理的话,我们的状况是否会和现在大不相同。

金枪鱼的全球现况如何?

2003 年,《自然》杂志刊载了一篇名为《世界范围内肉食性鱼类的消耗》的文章,成了各大报刊的头版新闻,该文章认为,早在 1980 年,世界上就有将近 80% 的大型金枪鱼被消耗掉了。虽然这个结论被所有审查过这些数据的科学机构所否定,但全球金枪鱼已大量减少的看法在科学界已根深蒂固。

真实的情况是,2010 年,当大规模产业化金枪鱼渔业开始时,总体上金枪鱼的渔获量占其总体数量的 50%。这个数据高于所设定的目标。只有蓝鳍金枪鱼被过度捕捞了。一共有 5 种不同品种的金枪鱼在公海被捕捞,并且由国际组织管理。根据金枪鱼的体格大小以及价值将其分为蓝鳍金枪鱼、大眼金枪鱼、黄鳍金枪鱼、长鳍金枪鱼、鲣鱼等。蓝鳍金枪鱼、大眼金枪鱼与较高品质的黄鳍金枪鱼和长鳍金枪鱼都专门被用来做生鱼片和寿司,包括全部鲣鱼在内的较低品质的鱼则被用来做罐头。

蓝鳍金枪鱼已经普遍被过度开发了。据我们了解,大西洋地区鱼类死亡率依旧很高,但是相比大西洋蓝鳍金枪鱼,在印度洋南部蓝鳍金枪鱼的消耗量更大。该地区蓝鳍金枪鱼的渔获量已经显著减少,但是仍然高于最大持续渔获量。在美国,过度捕捞的定义是,一个种群的整体生物量下降到维持最大持续渔获量以下,按照这个标准,没有一种金枪鱼可以被判定为过度捕捞。有些大眼金枪鱼和黄鳍金枪鱼的数量已经低于它们的长期目标生物量。按照目前的生物量与渔获量,黄鳍金枪鱼的数量还在合理范围内,但是令人担心的是渔获量增加而生物量降低的趋势。除了北大西洋的长鳍金枪鱼渔获量过高之外,鲣鱼和长鳍金枪鱼的情况良好。

除了蓝鳍金枪鱼之外,其他金枪鱼的整体数量都十分乐观,如果将这归因于合理的管理的话,那还不如说这是由于经济因素限制了目前的渔获量。未来金枪鱼的数量可能更多地取决于国际油价和金枪鱼的市场价格。

国际渔业管理机构有成功的案例吗？

很庆幸的是，有成功的例子！1992 年，仅由美国和加拿大两个国家共同成立的国际太平洋大比目鱼委员会就是典型的代表。和其他国际委员会一样，它也是以达成共识后各自执行的方式进行管理，但是由于这个组织仅有两个成员国，所以效率非常高。

南极海洋生物资源养护委员会在采用生态系统手段进行渔业管理和减少非法捕捞方面十分成功。它所使用的方法就是，要求进入该海域的渔船登记后才能合法地在此海域开展捕捞作业，并追踪国际市场上通过合法渠道捕捞的产品。

美洲热带金枪鱼委员会因通过有效改进渔网的使用方式减少了对海豚的意外捕捞而受到赞誉。

国际大西洋金枪鱼资源保护委员会通过减少剑鱼渔获量成功地恢复了北大西洋剑鱼的数量。

为什么有些金枪鱼被过度开发，而有些却未得到充分开发？

有钱能使鬼推磨。这种现象的主要因素就是利益驱动。蓝鳍金枪鱼和大眼金枪鱼由于有较高的经济价值，所以被过度开发。鲣鱼的经济价值不高，所以它们的数量远高于管理的目标水平。有人认为那些经济价值高的鱼类的持续渔获率很低，因为它们能活很久，但是我认为经济学观点更合理。同样，金枪鱼仍然存在是因为它的历史原因。和鳕鱼、鲱鱼相比，金枪鱼是世界渔业中的后来者。大西洋金枪鱼是最早出现在商业捕捞中的金枪鱼，也被认为是过度开发最为严重的品种。印度洋中的鲣鱼和黄鳍金枪鱼是最后开始捕捞的，所以它们的渔获量没有其他鱼类大。

管理公海渔业还有希望吗？

总体来说，并没有太大希望。国际管理组织没有留下什么值得称赞的管理记录。记住，它们仅仅召集了一些国家而已，所以我们的问题似乎应该改为"国家能合作共管公海渔业吗？"大体看来，回答是否定的。很少有国家愿意割让自己的主权让国际管理者例行公事地上岸。有些国家在自己的 200 海里海域成功实行的管理制度在国际公约中很难被复制，除非各国政府组织赋予国际渔业管理机构更多的管理权与执行权。

但是我们仍然能看到各国在达成公约方面所做出的努力。大西洋蓝鳍金枪鱼被列入《濒危野生动植物种国际贸易公约》的危险名单和来自非政府组织的压力似乎使各国更加负责任。但是只要在公海上利己主义占主导地位，我就对未来美国 200 海里以外的公共海域管理持悲观态度。

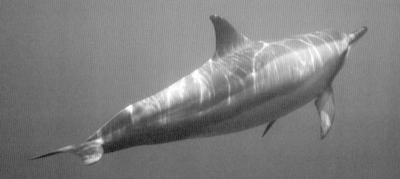

9　深海渔业

大西洋胸棘鲷历经了怎样的变化？

　　1987 年，澳大利亚渔业研究实验室主任罗伊·哈登·琼斯(Roy Harden Jones)宣布，经过调查研究，在澳大利亚南部发现了大量的大西洋胸棘鲷，它们的生物量在 100 万吨左右。那时，大西洋胸棘鲷的市场价大约为每吨 2000 美元，所以哈登·琼斯说过，有价值 20 亿美元的鱼类在等待开发。分析认

被捕捞的胸棘鲷
Photo by Nareeta Martin on Unsplash

为,如果按正常的持续渔获率来计算,这片海域的持续渔获量的价值将维持在每年 2 亿美元以上。大西洋胸棘鲷在澳大利亚的捕捞热潮仍在持续。捕捞许可证的价值飙升,渔船越来越大,那些早就获得在这片海域从事捕捞作业的许可证的渔民也已喝了大量香槟进行庆祝。

与其他很多淘金热潮一样,澳大利亚大西洋胸棘鲷渔业很快就被证明是一场闹剧。那 100 万吨大西洋胸棘鲷只是一个幻觉。之前被报道的大西洋胸棘鲷只是海洋底部石头的声呐回声,很显然,没有人会花几千美元去买 1 吨石头。多年来,大西洋胸棘鲷的总渔获量低于 30 万吨。

更令人惊讶的是,大西洋胸棘鲷不像其他鱼类一样有正常的持续渔获率。它是世界上寿命最长的鱼类之一。与其他鱼类的持续渔获率在 20% 不同,大西洋胸棘鲷的持续渔获率大概只有百分之几。即使是现在,我们也始终不清楚大西洋胸棘鲷的持续渔获率是多少。现在澳大利亚的大西洋胸棘鲷渔业公司已经关闭。有一小部分幸运者在淘金热开始的那几年积累了少量财富,但是他们成为富豪的梦想最终破灭了。

大西洋胸棘鲷在北半球与南半球的深海里均有被发现,它们通常集中在海底山脉附近,但是也有一些大型个体会游到深海底部的平原地区。这些鱼生长速度缓慢,它们完全长大到35～60 厘米需要 20～40 年的时间。它们在 30 岁之前是不会繁殖后代的,一般会活到 100 岁。它们聚集在一起产卵的时候最容易被捕捞。对于它们其他的生活习惯,像它们在哪里生活、能游多远等问题我们一无所知。通过对它们的遗传研究和体形差异分析可以发现,它们中许多种群可能是孤立的。它们可能和鲑鱼一样,产卵鱼群在繁殖过程中会有差异。

世界自然基金会网站发布了一则来自民间环保组织的公告:"不顾后果的过度捕捞最终会导致胸棘鲷的快速死亡"。绿色和平组织的网站上也写道:"胸棘鲷的捕捞方式是典型的不可持续捕捞的代表。"不管哪个环保组织发布的可食用鱼类名单,都将胸棘鲷列为不可食用鱼类,绿色和平组织已经成功地劝说很多零售商停止贩卖胸棘鲷。

胸棘鲷渔业存在很多环境问题。该品种的渔获量在明显下降。我们无法准确测定其丰度,也不知道它们现在还剩多少,被捕捞了多少。它们经常在对拖网捕捞很敏感的区域被海底拖网装置捕获。胸棘鲷通常出现在海下 1000 米甚至更深的地方,但由于胸棘鲷经济价值高,胸棘鲷渔业扩张到很多新的、几乎不为人知的或以前未捕捞的区域,而这些地方也正是环保组织希望保护和禁止捕捞的地方。

新西兰是第一个发展胸棘鲷渔业的国家,而且它至今都是胸棘鲷的主要供应国。很多年来,胸棘鲷被捕捞者所熟知。很多外国捕捞队尝试在深海寻找胸棘鲷,但是直到 1978 年,新西兰的捕捞队才公开宣布在 200 海里区域的一个水域深处发现了大量胸棘鲷鱼群。这个发现的回报是惊人的,仅仅 15 分钟的拖网捕捞就可以收获 50 吨胸棘鲷,价值大概为 10 万美元。20 世纪 80 年代初期兴起了捕捞胸棘鲷的热潮,到 80 年代中期渔获量达到了顶峰,每年会有 5 万吨总价值为 1 亿美元的胸棘鲷被捕捞上岸。

在最开始,由于捕捞胸棘鲷所带来的利润十分丰厚,人们在新西兰附近海域探测到了非常多的胸棘鲷鱼群。到了 20 世纪 80 年代,新西兰开始在其大部分渔业实行包括深海鱼类在内的配额分配制度,由此开始了对捕捞业的控制。虽然政府一开始就对渔获量有所控制,但是由于对本国鱼类资源规模和持续渔获量过度自信,分配的捕捞限额普遍过高。从 1983 年到 1989 年,捕捞限额从 2.3 万吨逐渐升高到 3.8 万吨。很明显,胸棘鲷的种群规模被估计得过高,而它们的寿命很长,所以现在胸棘鲷的持续渔获量很低，它们目前的捕捞配额低于 1 万吨。

如果一个种群有着很高的自然死亡率，那么它们自然需要同样高的补充率（出生率）。例如，如果一种鱼类每年有 20％被捕食，那么这个鱼群必须保持每年 20％的补充率来填补缺口，不然其种群数量就会下降。根据捕捞经验，持续渔获率一般是与自然死亡率相等的。因此，如果胸棘鲷的寿命真的很长，那么它们的自然死亡率是非常低的。如果每年都有 20％的死亡率，那么将没有如此多的"百岁老人"。所以，对胸棘鲷死亡率最准确的预估值是 2％～6％，按此计算出的持续渔获率每年仅有百分之几。

结合这个渔获率和持续下滑的渔获量，以及很多调查所得出的结果，新西兰政府在 20 世纪 90 年代宣布大规模削减大部分渔场的捕捞配额。

位于新西兰西海岸的挑战者深海高原是海底平原，20 世纪 80 年代，这个地方的胸棘鲷的渔获量每年高达 1 万吨。为了进行试验，新西兰政府以及渔业管理委员会决定保持比可持续发展水平高的捕捞配额，以观察长期的高捕捞压力对胸棘鲷有什么影响。最开始，每次渔网下水都可以捕捞到 15 吨左右胸棘鲷。到了 1998 年,每次渔网下水只能捕捞到不到 1 吨胸棘鲷,而且在修改配额之后,由于渔船船体越来越大、捕捞技术有所提高,挑战者深海高原附近水域的胸棘鲷资源量只剩余 3%。

这个试验成功地证明了胸棘鲷种群是有可能灭亡的。该渔场在 2000 年关闭了。这个试验成了不可持续捕捞的典型代表。

胸棘鲷渔业标志着深海渔业快速扩张的开始。大部分的渔获物来自大陆架的浅水区或者公海的表层渔场。在胸棘鲷渔业出现之前从来没有过深海渔业。但是,自从 20 世纪 70 年代发现了这种高价值的鱼类之后,在海下 1000 多米深处进行商业捕捞的技术迅猛发展。

现代全球定位系统可以告知渔船哪里有鱼,而且渔网上装配的电子装置可以显示它的深度以及位置。如今,即使渔网与渔船间有着几千米的距离,船队也可以准确地控制渔网放置的位置。以往经常会遇到由于鱼群大量聚集在一起,渔网在几分钟之内被填满后又被捕捞到的鱼挤破的情况。而现在由于渔网上安装了声呐装置,该装置可以告诉渔民渔网里有多少鱼,这样渔民就可以在渔网过满之前收网。

不幸的是,我们对胸棘鲷的了解还远远不够。

我们通常测定海洋中鱼类丰度的手段有两种:第一种是通过对拖网捕捞进行系统科学的调查,第二种是通过类似回声探测仪的声呐装置测定海底有多少鱼。但是由于胸棘鲷是一个密集的群体,通过传统拖网捕捞法测定的数据往往充满了随机性。如果恰好碰上了一群胸棘鲷,那么就会捕获很多鱼,但是碰不到的话,那几乎会一无所获。

因为胸棘鲷生活在海底最深处,回声探测仪也面临同样的问题。它们的声音信号被海底回声所掩盖,而且混杂在胸棘鲷鱼群中的其他鱼会带来更大的干扰,它们掺杂在鱼群中使得鱼群看起来更加庞大。而现在我们需要知道胸棘鲷鱼群占鱼类种群总数量的准确比例来判断它们的实际数量。

由于早期人们不知道胸棘鲷到底能存活多久,所以在确定持续渔获量的时候,大家都过于乐观。即使新西兰科学家估计胸棘鲷的生产量为浅滩鱼类的一半,这个数量对于胸棘鲷来说也偏高太多了。经过 40 年的调查研究,我们至今还是不清楚它们的自然死亡率为多少。不仅测定它们的年龄很困难,而且不同地区胸棘鲷的年龄结构也都不同,这给测量带来了更大的难度。我们现在能确定的只是它们的持续渔获量很低,但是到底有多低我们还是无法知道。我们同样不知道它们在自然生态系统中扮演什么样的角色,以及我们的长时间过度捕捞对它们生存的生态系统造成了多大的破坏。但是我们知道,在深海海底拖网捕捞胸棘鲷对海床产生了巨大的破坏。我们需要关注的核心问题是拖网对海底生态系统造成了什么影响。

像胸棘鲷这样生长缓慢的鱼类能够实现可持续管理吗?

根据我们所了解的全部生物学知识,我们可以推断胸棘鲷的持续渔获量应该是存在的。这个数值显然远低于我们曾经认为的值,可能也会低于我们现在所推测的值。如果我们满足于捕捞很少的鱼,那么即使是寿命最长的生物也可以实现可持续捕捞。

例如,大型的蛤类动物象拔蚌的寿命也可以超过 100 岁。位于不列颠哥伦比亚省和华盛顿州的新开发的象拔蚌渔场,其每年的渔获量为其总数量的 1%,这些渔场的长期管理策略就是在渔场的前 50 年捕捞象拔蚌初始生物量的 50%。将之与胸棘鲷比较,每年有 20％ 的胸棘鲷被捕捞,所以大多数胸棘鲷种群的生物量减少到以前的 30％,甚至更低。

回顾过去,同时结合现在有关胸棘鲷的生物学知识,减少对它们的捕捞并放慢开发新渔场的脚步会更好。

我们可以根据经验判断鱼群的增长速率,从而确定持续渔获量。即便在管理良好的胸棘鲷渔场,鱼群数量仍在减少,尽管已经将捕捞配额大幅度降低了,这告诫我们不管在什么情况下鱼群都有其持续渔获量。但是有一个地方是个例外,在 2000 年关闭的挑战者深海高原胸棘鲷渔场里,胸棘鲷的渔获量为其总量的 3％。然而 2006 年与 2009 年的调查显示,大量的胸棘鲷鱼群又一次出现了,预计该区域的鱼群数量是未捕捞前的 30％。现在这个渔场又被重新开放,试验性地允许捕捞少量的胸棘鲷。

其他国家在处理胸棘鲷方面有什么经验?

新西兰、澳大利亚以及纳米比亚都是重要的捕捞国。在大西洋东北部、智利以及印度洋也有少量的捕捞区域。澳大利亚已经关闭了其主要的胸棘鲷渔场,纳米比亚的胸棘鲷渔场也全部被关闭了。新西兰依旧在试着确定目前的渔获量是否能够达到使鱼群重建的可持续发展的标准。

几乎在所有案例中,最初根据回声探测仪以及拖网捕捞所预估的胸棘鲷丰度都很大。但是一旦渔业开始快速扩张,这些鱼类似乎全部消失了,每次捕捞上岸的鱼类数量都少得让人失望。可能是因为最开始估算的丰度太大,也可能是因为捕捞导致胸棘鲷游到其他区域了。

关闭新西兰专属经济区的大片区域能保证胸棘鲷的可持续发展吗?

新西兰已经关闭了其专属经济区接近 30% 的区域,禁止海底拖网捕捞胸棘鲷。这些地方包括很多海底山脉和胸棘鲷的栖息地,也就是说,在新西兰,胸棘鲷不再有灭绝的危险了。然而,有证据显示,它们的分布相对离散而且互不干扰,因此那些关闭的区域对其他可捕捞区域的胸棘鲷的可持续发展并没有太大帮助。

在我们了解更多有关胸棘鲷的生物学以及生态系统知识之前，是否应该停止对它们的捕捞？

在我们最开始确定胸棘鲷的捕捞配额时，我们对它的生物学知识一无所知，渔业被那些受利益驱使的渔民和政府控制。

1919 年，20 世纪上半叶的首席渔业科学家、时任国际太平洋大比目鱼委员会主任的 W. F. 汤普森（W. F. Thompson）总结了直到近年来占主导地位的渔业态度是"试图改变目前的商业捕捞和休闲垂钓方式必须要有充分的科学依据"。当通过捕捞可以赚得几百万美元时，很少有政府有权力或者希望"改变商业捕捞方式"。

汤普森同样总结了生物学以及管理学上的问题："我们没有办法知道管控一种鱼类是否能够拯救它。"由于缺少胸棘鲷商业渔场以及用于研究的 7000 万美元经费，我们似乎永远都不可能掌握足够了解胸棘鲷的生物学知识来管理它们。

在新物种的生物学知识和可持续性都未知的情况下，我们应该如何处理？

最合理的方法似乎应该是进行试验性捕捞。我们可以开放一些渔场进行合理的开发。例如，我们控制投资成本，只允许少量捕捞船进入该渔场捕捞。同时，对该区域进行密集的试验研究，最重要的是，保持其他的大部分潜在渔场不受影响。新渔业的发展可能会带来巨大的财富，其中一些收益应该投入对该鱼类的科学研究中，以了解如何进行可持续管理。当然，我们几乎从来没有看到能达到这些严苛要求的监管机构。

10、休闲渔业

休闲渔业跟商业渔业有本质区别吗？

最简洁的答案就是：是的，休闲渔业跟大部分的商业渔业有很大的不同。现在很多人喜欢将垂钓作为一种休闲娱乐方式，他们的垂钓量很难控制，所以从客观上来说，休闲渔业与商业渔业有很大的不同。

首先，休闲渔业中大部分人往往只能捕捞少量的鱼类，而

垂钓者
Photo by Austin Neill on Unsplash

在商业捕捞中往往很少的渔民就能捕捞到大量的鱼类。在美国,休闲渔业产业价值 820 亿美元,这其中包括销售和租赁钓鱼渔具,例如渔船、救生衣、钓竿和鱼饵,同时它也提供了 50 万余个工作岗位。位于墨西哥湾的休闲渔场是全美国甚至世界最大的休闲渔场。从佛罗里达群岛到得克萨斯州南部,超过 300 万名休闲渔民每年大概进行 2500 万次捕捞,占美国海洋休闲渔业捕捞总量的 40％。

海湾休闲渔业可以分为三类:浅海垂钓、租船私人捕捞、租赁商业渔船出海捕捞。在海湾渔场,后两者占的比重比较大,而浅海垂钓所占比重则相对较小。它们之间差异巨大。在浅海,垂钓者对捕捞装置的投入很少,他们大部分时间在岸上走,而高端垂钓者每天可能会花费几千美元。但是租船进行私人捕捞的休闲渔民数量庞大,远远多于其他类型的垂钓者。

每种捕捞方式都会给管理带来特殊的挑战。渔场管理中最开始的一步就是管理渔获量,由于垂钓者人数众多,这是任何进行有意义的渔获量数据统计的第一大障碍。与商业渔业中以研究为目的的渔船相似,租用商业渔船的渔获量是最容易被追踪管理的。渔船的租用备案记录可以告诉我们租赁者的身份,渔船仅仅在少数几个港口出没,这样就方便随船携载观察员。在渔船靠岸的时候,管理者也能够通过类似航海日志以及政府抽样检查的传统的简单手段对渔船进行取样管理。由于私人渔船上的不少休闲渔民从成千上万个个人码头以及坡道出发,所以监管它们的航行轨迹、捕捞努力量以及渔获量都是一个巨大的挑战。因此,有很多不确定因素会干扰数据结果。

从事休闲渔业与商业渔业的渔民的目的往往截然不同。商业渔业是为了食物、收入以及就业。休闲渔业从根本上说是为了一种体验,所以需要不一样的管理手段。管理商业渔业最重要的是通过调节捕捞压力以获取最高产量,但是在休闲渔业中最主要的目的往往是最大化捕捞努力量。从事商业渔业的渔民和管理者总是寻找减小捕捞成本的方法。但是在休闲渔业中往往是花费越大越好。在某些极端情况下,一些休闲渔业的狂热爱好者通常每天花费数千美元在专属的度假胜地捕捞,而且也会花费一样多的钱在捕捞装置上,最后却会选择放生所有捕捞上来的鱼。

另外一个不同点在于对待大型鱼类的态度上。商业渔民喜欢大型鱼类,因为鱼越重,它的价值越大。休闲渔民喜欢大型鱼类,特别是能达到可炫耀的战利品级别的鱼类,所以,相较而言,休闲渔民会更喜欢大型鱼类。在这种情况下,相应地,管理者通常会严格控制所捕获的鱼的体积大小,促使渔民将体积较小的鱼释放,从而让小鱼有机会长大,也能进一步满足休闲渔民捕获大鱼的兴趣爱好。

休闲渔业通常是混合渔业。很多不同种类的鱼可以在任意位置被人们用普通的渔具捕捞。如果用某种捕捞方式捕捞某一特定鱼类不成功或者某种鱼类的渔获量已达上限,渔民通常会选择在剩余几个小时转移到其他地点捕捞其他鱼类。在墨西哥海湾,最受追捧的岩礁鱼类是红鲷鱼,但是严苛的捕捞限制导致捕捞季只有几周,因此红鲷鱼的渔获量在 2006 年只排行第五。当时,排名前四的有大耳马鲛鱼、羊头鲷、红鼓鱼以及斑点海鳟。

在墨西哥海湾,被捕捞上岸的鱼中约有 50% 被放回海里了。如何对鱼群存活数量进行统计,以计算被放生的鱼的存活率,这是管理者所面临的众多挑战之一。

休闲渔业的主要吸引力在于享受钓鱼的乐趣,捕捞上岸后放生也仅仅是过程与结果,对整个鱼群的数量没有影响。从某种角度来说,休闲渔业的终极形式就是捕捞后再放生。

但是就如每枚硬币都有背面一样,有些阿拉斯加本地土著禁止将鱼捕捞上岸后放生,因为他们认为这是在"玩弄食物",有悖于他们的文化传统。动物权益组织也经常反对各种形式的捕捞,而且特别反对捕捞后放生,他们认为垂钓者的快乐建立在动物的痛苦之上,这是对动物的冒犯。考虑到动物权益,德国和瑞士都禁止捕捞后放生。

随着休闲渔民越来越多,他们拥有的政治权利也越来越大。虽然美国的休闲渔业团体总是抱怨他们在渔业管理协会中没有话语权,但是不可否认的是,他们在州政府和联邦政府中有一定的影响力。佛罗里达州的休闲渔民成功地将很多商业捕捞定义为不合法,其他州也提出了一些类似的法案。鱼类及野生动植物机构的一大部分经费来自颁发休闲渔业执照,因此他们也十分热衷于开发更多的休闲渔业。

美国和欧洲的休闲渔业的规模有多大?

根据现在的估计,美国大约有 3000 万名有执照的垂钓者,每年会产生 450 亿美元的收益。调查显示,约有 6000 万美国人将自己称为"垂钓者"。他们代表了 20% 的美国人,这是一个庞大的选民群体。与此相反,欧洲人对休闲捕捞的参与度变化很大,在意大利只有不到 1％的人参与休闲捕捞,但是在芬兰,多达 40％的民众是休闲捕捞爱好者。

总体来讲,相比商业捕捞的规模,休闲捕捞所占比例很小,但是那些最受追捧的鱼类在休闲捕捞中占了很大比重。在美国,捕捞上岸的鱼类中,通过休闲捕捞捕获的鱼类只占 3％,但如果将大型工业远洋渔业排除在外,该比例可达 10％。而单看那些已经被过度捕捞的鱼类或者过度保护的鱼类(如红鲷鱼),休闲捕捞可能占到 50％以上。

休闲渔业管理与商业渔业管理有何不同?

传统的休闲渔业管理就是捕捞装置限制、鱼的体积限制、捕捞时间以及区域限制。虽然商业渔业受到越来越严格的总渔获量限制,但由于难以收集垂钓者的渔获数据,因而人们很少使用限制渔获量这种方法。但是,当休闲渔业渔获量过高时,有关部门就会强迫垂钓者减少捕捞时长,限制捕捞的鱼的体积或者捕捞季的总渔获量。

衡量休闲渔业渔获量十分困难。由于垂钓者人数众多,他们的上岸地点也比较分散,所以采取样本调查法的成本较高。

很少有渔业管理机构尝试使用收集商业渔获量的方式来收集休闲渔获量的数据。租用商业渔船通常受到航海日志、调查者以及岸上采访等方式的监控，但是对于个体渔民者，他们的捕捞数据基本上是通过电话采访得到的。

淡水休闲渔业与海水休闲渔业管理有什么不同之处？

它们之间最大的区别在于孵化场地不同。几乎所有管理机构都会将鱼的幼苗投放到淡水中，然后逐渐增加水质盐度来供给自然生产。在很多地方，几乎所有的淡水鱼都是人工养殖的，很多淡水渔场也因此被称为"专门供给输出的养殖场"。现在很少有自然生产的鱼类了。由于政府对休闲渔业的严苛限制，人工养殖技术迅速发展，如果没有充足的鱼类来繁衍后代，人们的第一反应就是养殖更多的鱼。正是这种目标、努力以及政治力量的自然融合，人们才建造了越来越多的养殖基地。

虽然大部分的人工养殖技术只适用于淡水鱼类，海水人工养殖技术发展也几乎不亚于淡水鱼类人工养殖技术。为了发展休闲渔业，美国已经尝试对很多海洋鱼类实行人工养殖，尽管要发现在海水中成功开展人工养殖技术的证据远比在淡水中困难得多。

　　为了吸引淡水垂钓者,人们还引进了多种其他外来物种,以发展新渔业。以虹鳟鱼为例,它吸引了南极地区以外各大洲的垂钓者,但休闲渔民的引进行为并不一定都是合法的。

虹鳟鱼
Photo on Wikimedia Commons

休闲渔业会导致过度捕捞吗？

在海洋渔业中,休闲渔业的影响因渔业而异。对于大型的产业化渔业来说,休闲渔业几乎不会产生任何影响。但是对于大部分珍贵的鱼类物种来说,休闲渔业可能是导致它们灭绝的最大原因,因此管理休闲渔业就可以成为解决这些鱼类过度捕捞问题的有效办法。

在美国和欧洲,淡水休闲渔业比商业渔业重要得多。在亚洲、非洲以及南美洲的大部分地区也还存在大型手工淡水渔业,但是在美国和欧洲,休闲垂钓者已经在配额争夺战中成功胜出了,现在大部分的渔获物是他们的。

可能休闲渔业对生态最大的影响在于对生物多样性的破坏,以及在淡水水域经营孵化场地。现在很多国家选择在孵化场地养殖外来鱼类,开发新的休闲渔业,这些都是以牺牲本地鱼类为代价的。因此,如果人们认为外来物种入侵是导致本地鱼类数量减少的主要原因,以此掩盖过度捕捞的事实,那么很显然,休闲垂钓在其中发挥了重要作用。

11　小型手工渔业

世界上很多渔业的规模很小，那么它们是怎么管理的？

"洛克"（loco）是一种食肉的海生蜗牛，常见于智利和秘鲁的礁石海岸。它们的个体最大可达到稍扁的拳头那么大，要不是因为它们非常好吃而经常成为人们餐桌上的美味菜肴的话，它们可能成为动物学的重要研究对象。自智利沿岸有人居住以来，当地人就经常食用洛克，他们在退潮的时候会潜入浅水

海生蜗牛
Photo by Katja Schulz on Flickr

区捕捉这种蜗牛。在 1974 年之前,这种小型手工渔业是当地消费中很重要的一部分。但在 20 世纪 70 年代初,智利的经济政策发生变化,国家鼓励出口,船只和加工厂都有相应的补贴,洛克的市场发展到了亚洲。在亚洲,洛克被称为智利鲍鱼,其价格、需求、捕捞努力量以及渔获量都在稳步上升。

到 1980 年,洛克的渔获量增加了 4～6 倍。这一渔业在很大程度上是"开放获取"的,这意味着无论何时何地,只要渔民想捕捞,都是合法的。在这种情况下,智利海岸散布着数以百计的小型捕捞群体,洛克高涨的价格使得渔民沿着海岸到处疯狂寻找其他还未被开发的区域。当当地渔民试图保护他们的传统捕捞区不受外来者侵犯时,他们与外来者之间的冲突就不可避免地发生了,这一冲突被称为"洛克战争"。在 20 世纪 80 年代,渔获量不断下降,洛克也变得越来越难以捕捞,政府尝试了一系列传统渔业的措施,包括设定禁渔期、限制渔获量和一些其他的方法,但最后都以无效告终。该渔业在 1989 年被完全禁止了。

智利沿海有 400 多个小型渔业社区,被称作"海湾"(caleta)。每个海湾的渔民都会组织一个正式的协会,叫作"辛迪加"(syndicate)。海湾通常与船只的特定登陆点联系在一起

（在西班牙语中，caleta 的意思是小峡谷或者小海湾）。海湾的渔民都是手工渔民。因为他们会自己卖掉捕获的鱼，所以他们不能算是懂得"可持续发展"的渔民，而且他们的船只太小了，不符合渔业产业的标准。每个海湾的渔民都能捕捞当地的资源，包括可通过捡拾或潜入浅水区捕捞底栖无脊椎动物，以及利用多钩长线或者围网捕捞鱼类。他们能够捕捞的物种种类繁多。一般来讲，洛克较重要和昂贵，同时蛤、藤壶、海藻、螃蟹、帽贝和海胆也都极为常见。在一个小海湾捕获 20 个不同种类的物种是很正常的。洛克渔业的崩溃给这些海湾造成了不小的打击，因其是海湾的主要收入来源，在这之后，海湾的就业机会也少了很多。在知道可持续发展的重要性之后，这些海湾也在寻找可持续管理当地资源的方法。

与其他很多国家一样，智利在很大程度上采用了西式"自上而下"的管理模式。智利设立了一个专门的渔业机构负责协调数据收集和研究，制定相应的法规，并由执法人员确保这些法规得到有效执行。这种"自上而下"的模式是专为大型产业化渔业设计的，其中鱼群种类是特定的，其数量可以大致确定，渔民数量以及船只停靠点都不多，以便于监控。但上述这些规定都不适用于智利的手工渔业。智利的手工渔业捕捉的大部分是固着生物,这意味着即使两个海湾只相隔几百千米,但二者的鱼类种群规模可能有非常大的区别。对于无脊椎动物,通常通过规定准许捕捞的最小尺寸进行管理。这个最小尺寸限制通常能保证鱼类在被捕获前可以进行繁殖。但固着物种的生长速度因地而异,在海岸某处的准许捕捞最小尺寸与其他地方,甚至是岩石礁的一侧与另一侧,也是完全不同的。所制定的相应法规和管理制度都应该因地制宜。其实,智利根本没有对海岸线上分布的数百个海湾执行其法规的能力。当洛克渔业在 1989 年被正式禁止时,大量的非法贸易仍在进行,当地渔民无力阻止外来者继续捕捞,其实他们本来希望当地鱼群规模能够恢复重建。

海洋生态学家胡安·卡洛斯·卡斯蒂利亚(Juan Carlos Castilla)是圣地亚哥的智利天主教大学的教授。他所在的大学在圣地亚哥西海岸有一个海洋实验室,1982 年,卡斯蒂利亚说服了当地海湾的渔民在海洋实验室留出一定的礁石海岸作为禁渔区。所得到的关于洛克的实验结果是出乎意料的。在两年内,保护区域内的洛克数量丰富且个体较大,而在几百米之外可以继续捕捞的海岸,洛克却少得可怜。这个小规模的实验证明了是捕捞而不是恶劣的生态条件导致了洛克数量的骤减,并且洛克在一个很小的范围内就能得到较好的管理。

1991 年,智利颁布了一部新的渔业法,允许构建底栖生物资源管理和开发区,允许海湾渔民组织申请独占海床或海岸线区域的权利,并能在共同管理制度下管理该区域的底栖生物资源(海底植物和动物)。相应海湾负责制定资源清单并拟写开发管理计划,智利中央政府评估其计划并监督其实施。其中最重要的是,海湾有合法权力禁止任何人在其辖区内开发底栖生物资源。

这一模式运行良好,2005 年,有 547 个登记成立的底栖生物资源管理和开发区,总面积大概有 102338 公顷。海湾管理的区域内,洛克数量要丰富得多,并且海湾有了独立管理权之后,可以根据其管理的生物资源来制订相应的商业计划以使利润最大化。资源更加丰富,收入增加,海湾成员也感到被赋予了自主权,可以掌握自己的命运了。当然,仍存在一定的问题:一些海湾发现其底栖生物资源管理和开发区太小,并且区域内的天气过于多变。海湾的管理质量、捕捞机会分配的公平性以及收入都是高度可变的。但总的来说,这种领土捕捞权模式被认为是成功的,这种针对小规模、固着种群的管理模式可以推广到全世界。

智利渔业是小规模渔业的一个典型案例吗？

智利海湾的洛克是很典型的一个案例，大多数的小规模渔业主要依靠这种固着物种。"自上而下"的管理模式完全不适用于这些渔业，因为中央政府没有资源了解这数百家小规模社区，也没有能力在这些社区执行规章。智利的不同寻常之处在于它所建立的法律框架，而且中央政府愿意将权力下放给地方社区。智利还有一个特点是，沿岸的人口密度很低，海湾也很分散。此外，海湾在已存在的制度框架下又建立了领土捕捞权模式。

在现代政府渔业机构诞生之前，渔业是如何管理的？

海洋生物学家鲍勃·约翰尼斯（Bob Johannes）花了很多年研究西太平洋渔业社区的传统管理模式，他在 1981 年出版的《潟湖的语言》讲的是帕劳地区的传统渔业管理模式，现在是每一位渔业管理从业人员的必读书籍。在西太平洋地区推行西式国家渔业机构管理之前，以社区为基础进行管理是很正常的现象。尽管在传统社区中,人们可能倾向于过度美化人类与自然和谐相处的可持续生活方式,但是有充分的证据表明,世界各地很多区域都通过捕鱼来保证主要的食物来源。

正如约翰尼斯自己所说的,"在帕劳和其他太平洋岛屿上,最重要的海洋保护形式就是拥有暗礁和潟湖。这个方法太简单,以至于西方人过去几乎没有发现其优点。然而,这可能是最有用的一种渔业管理措施。很简单,在一个区域,捕捞的权力是受控制的,外人在没有允许的情况下不能捕捞。"

暗礁
Photo by Ryan McMinds on Wikimedia Commons

　　可以自主管理鱼类资源是实现良好管理的前提条件。在更广泛的范围内来说，20 世纪 70 年代末开始实施 200 海里专属经济区对所有国家来说都是其良好管理鱼类资源的开端。正如我们在智利的手工渔业中看到的，直到海湾社区杜绝外人随意捕捞之后，他们才得以管理资源。

　　世界各地的传统渔业管理采取了多种形式及方法。对捕捞装置的限制使用，设置禁渔期和禁渔区，或者永久关闭捕捞渔场，都是传统管理的手段。现在还很难说这些措施多么有

潟湖
Photo by D. Gordon E. Robertson on Wikimedia Commons

效。历史证据明确表明,传统社会的捕捞会减少鱼类资源,但仍有很多地方的海洋资源持续了数千年。

领土捕捞权的特点是什么?

领土捕捞权,又称为渔业领土使用权,已经被提议作为渔业管理的重要"新"方法。根据约翰尼斯和其他人所记录的历史经验,以及智利手工渔业和那些被授予渔业领土使用权的社区、合作社或者组织最近的经验,他们似乎给那些不适用于西式"自上而下"管理模式的渔业提供了一种新的管理方法。渔业领土使用权的关键就是独立自主权,所以这一方法显然主要适用于固着物种。几乎所有已实施的渔业领土使用权都是基于社区的,尽管贝类养殖租赁可以被视为渔业领土使用权的一种形式,但在这种形式中,个人或公司有权使用海岸的一部分开展自己的活动。

渔业领土使用权在两个领域表现出了主要优势:可以对非法捕捞进行执法,以及在小范围内收集数据资料。智利中央政府没有足够的资源来阻止非法捕捞高价值物种,例如洛克、鲍鱼和龙虾。这时候渔业领土使用权就为社区和当地渔民提供了一些激励措施来监管和阻止非法活动。像螃蟹和鲍鱼等很多海洋无脊椎动物都需要符合准许捕捞最小尺寸的规定,由于其成熟度跟尺寸大小有关,于是将准许捕捞最小尺寸保持在性成熟时的尺寸之上就行,这一措施保证了最小育种资源量。但是,同一类的无脊椎动物在不同的栖息地有着不同的生长速度,所以对其尺寸的限制也会随着位置的变化而变化。这种小范围的控制若由智利中央政府来辨别和管理是非常困难的,其只适合由地方来管理。

小规模渔业成功管理的经验是什么?

埃莉诺·奥斯特罗姆是一位政治科学家,因其对基于社区的自然资源管理的研究而获得了诺贝尔奖。她表示,社会制度可以成为防止公共地悲剧的一种有效工具。2011 年,一项针对 130 个渔业的研究证明了她的结论。成功管理的关键因素是独立自主权、社会和政治领导力及凝聚力。当社区没有独立自主权的法律框架,或者其内部没有组织且不够团结时,那么基于社区的管理可能不会成功。

12　非法捕捞

非法捕捞是导致过度捕捞的重要因素吗？

2003 年 8 月 7 日,澳大利亚的海上巡逻舰"南方支持者"号发现在南印度洋珀斯西南 2400 英里的赫德岛附近的澳大利亚 200 海里专属经济区发现了一艘非法捕捞船只。这艘船名为维亚萨 1 号,注册地为乌拉圭。这艘船并没有因此停下,更不用说登船了,于是澳大利亚海军开启了历时 21 天历经 3900 英里的追赶行动,吸引了很多人在电视机前关注。最终维亚萨 1 号在南非南部被逮捕,船上有 95 吨价值极高的小鳞犬牙南极鱼。最后,澳大利亚政府将这些鱼以 100 万美元的价格拍卖出去了。

当我们提到海盗的时候,17 世纪的海盗人物形象就会浮现在脑海中。但是,现代海盗依然存在,他们生活在公海地区,而且他们现在的获利远比当初海盗黑胡子以及亨利·摩根(Henry Morgan)的要多。全世界范围内,在公海以及很多国家的经济区内,每年非法捕捞的获利在 100 亿美元到 200 亿美元之间。可能每年总渔获量的 30% 来自非法捕捞。

小鳞犬牙南极鱼在北美洲又称"智利海鲈鱼",在西班牙称为"黑鲈鱼",是一种生活在南大洋的寿命很长的深海鱼类。它的油腻洁白的鱼肉深受食客的喜爱。自从在南极岛屿及其附近发现小鳞犬牙南极鱼大量存在之后,这里已成为过去几十年里曝光率最高的非法渔场之一。20 世纪 70 年代,对这种鱼类的捕捞主要集中在智利,然后是阿根廷。据报道,到 20 世纪 90 年代,小鳞犬牙南极鱼的年渔获量达到了 4 万吨,经济收益约为 2 亿美元。

随着小鳞犬牙南极鱼的商业市场逐渐打开,南大洋丰富的小鳞犬牙南极鱼资源也被人们发现了,到 20 世纪 90 年代中期,每年在南极洲水域合法捕捞的小鳞犬牙南极鱼已经达到 1.2 万吨,而非法捕捞的小鳞犬牙南极鱼至少有 3.2 万吨,总价值达 1.5 亿美元。如此猖獗地非法捕捞小鳞犬牙南极鱼只有一个原因:利益巨大。捕捞小鳞犬牙南极鱼方法简单,它们的价值又很高,而且非法捕捞被抓住的概率也很小。即使南极洲水域辽阔,但像"南方支持者"号这样的巡逻船也很少。即使被发现并抓住,非法捕捞者被定罪的可能性也很小。被澳大利亚海军抓捕的维亚萨 1 号上的 5 名船员,在经过漫长的审判之后于 2005 年被无罪释放了。维亚萨 1 号最后也报废了。

美国经济学家 G. S. 贝克尔(G. S. Becker)在 1968 年发表

了一篇很经典的论文——《罪与罚：经济手段》。他认为犯罪需求应该被认为是一种经济活动而不是一种畸变的社会行为。只有在有利可图的时候人们才会从事非法活动。想想美国的禁酒时期，那时候非法渠道的酒价格很高，阿尔·卡彭（Al Capone）以及其他很多人都变得十分富有。那些非法捕捞者在行动之前都会反复衡量经济利益和他们被捕的可能性，以及被捕后的代价。一个个体、一家大型公司或者一群投资者可能会在南大洋进行试探性的勘探，以确认是否存在小鳞犬牙南极鱼。如果他们觉得利润可观且被捕的可能性很小，那么他们将会重复这样的捕捞之旅，甚至会增加几条捕捞船。那些可以合法捕捞的渔船可能也难以经受住非法捕捞的利益诱惑。同样，他们也会衡量潜在的利益与风险，如果风险低、利润高，那么有些人就会抵不住诱惑。

针对南极地区的齿鱼，人们已经建立了一套渔业管理体系。南极海洋生物资源养护委员会成立于 1982 年，总部位于澳大利亚塔斯马尼亚州的霍巴特，是一个为了保护南极地区的海洋生物而成立的国际性组织。它负责评估其管辖范围内的资源状况，组织研究并制定规章。和其他类似的组织一样，这个组织既没有巡逻舰也没有飞机，它同样仅仅依靠 31 个成员国进行强制监管。

南极海洋生物资源养护委员会和其成员国制定了一系列规则来确保捕捞限制的执行,这些手段包括卫星追踪南极海洋生物资源养护委员会管辖水域内的渔船,强制检查返航的渔船,以及渔船登记和渔船标记。同样,它们还建立了捕捞文档来记录和追踪那些通过合法渠道捕捞上岸的鱼进入交易市场的全过程。

南极海洋生物资源养护委员会估计它们的管控措施会大大减少非法捕捞。据报道,从 2004 年到 2007 年,在它们管辖的水域内,非法捕捞的渔获量仅占总渔获量的 10% 多一点。但是国际环保组织根据交易数据估计,非法捕捞的渔获量占总渔获量的比重要稍稍高于他们宣布的数据,在 14% 到 23%之间。

虽然南极地区一直被视为国际渔业管理区,但南极海域的一些岛屿,像澳大利亚的赫德岛与麦夸里群岛、英国的南乔治亚岛、法国的凯尔盖朗群岛和克洛泽群岛,都处于国家司法管辖范围内。这些国家可以在自己的领海内保有执法权与管理权。英国南乔治亚岛的渔场在 2004 年获得了海洋管理委员会的良好管理认证。罗斯海的国际渔场于 2010 年获得了海洋管理委员会的认证。法国渔场正在申请认证。

小鳞犬牙南极鱼的非法捕捞属于个案吗？

世界渔业在两种相互竞争的传统之间处于紧张的状态。公海自由有着悠久的历史传统，即在国际水域，你可以随时尽情做自己爱做的事。在划定 200 海里专属经济区以及达成国际协议之前公海捕鱼是完全不受约束的。相比之下，在国家管辖范围内，渔业成为监管最严格的行业之一。那些通过合法渠道捕捞的渔民往往会被告知何时何地可以捕捞，并且他们所使用的捕捞工具以及渔获量都受限制。很多地方政府要求渔船上配备卫星应答器以保证他们对渔船进行实时监控。通常，出海渔船都被要求携带政府部门的观察员，以确保该渔船遵守各项规定。

但是那些挑战极限的潜在利润是巨大的。几乎我认识的每一个渔民都会告诉我违反某些规定可以获得巨大的收益。在观察员与渔民的这种对立关系中，违反规则从某种程度上来说却成了一种可以接受的商业行为。贝克尔认为非法活动是经济选择这一观点每天都可以在某个渔场得到证实。

国际社会将非法捕捞称为 IUU（illegal、unreported、unauthorized,即不合法、不报告、不管制）。世界上几乎所有渔业都会有各种形式的非法捕捞,不管是产业化的小鳞犬牙南极鱼的非法捕捞还是休闲渔业里的小规模捕捞。破坏规则是渔业不可避免的一个方面。最新数据显示,在全世界范围内约有 20％的渔获物是非法获得的,这一数据在 1980 年到 2003年之间有所下降。不用说,这个数据是不准确的,因为有一部分捕捞未被报告。

在非法捕捞一直大量存在的情况下，犬牙鱼渔业是如何被认证为管理良好的？

海洋管理委员会的认证是最为广泛使用的认证,它适用于单个渔场,而不是单一鱼类。2004 年,英属南乔治亚岛的犬牙鱼渔场得到了认证。英国证明该渔场已经达到了认证标准。这其中包括证明在英国控制的海域非法捕捞得到了控制,而且合理的捕捞方案维持了犬牙鱼资源的可持续发展。最初的认证被很多非政府组织提出了上诉,但在第二次科学审查中得到了支持。这个渔场在 2009 年得到了再次认证。

同一鱼类的不同渔场间在资源量情况和管理效率方面的差异是十分复杂的,这直接影响了认证或者消费者信息。挪威和俄罗斯北部的巴伦支海上有世界上最大的鳕鱼渔场,于 2010 年通过了海洋管理委员会的认证。这里的鱼类丰度很大,怎么都不会被认为是过度捕捞。但是其他很多地方的鳕鱼丰度很小。你不能简单地下结论说鳕鱼渔业没有得到可持续的管理,因为你必须考虑各个地方的差异性。

什么方法可以减少国际水域的非法捕捞?

对抗非法捕捞的主要手段有:①渔船标记;②渔船登记;③登岸检查;④卫星监控渔船;⑤捕捞日志追踪;⑥将违法渔船列入黑名单。登记、标记、卫星监控都意味着没有登记的渔船在被监测时能轻易被识别。那些执行调查任务的飞机或船只随时都能准确识别合法的渔船。登岸检查以及捕捞日志则意味着从理论上来说可以随时随地了解到世界上任何地方的犬牙鱼捕捞船的捕捞情况。这套方法适用于在国家以及国际产业化渔业中防止非法捕捞。

13　拖网捕捞对生态系统的影响

如何拖网捕捞，以及为什么到现在还有人用这种技术捕鱼？

"在海洋底层撒下巨大的拖网，可以捕捉到所有的海洋生物，并且破坏所有的栖息地——他们在其行进道路上捕捞并摧毁一切事物。"

这是环境网站对于一种最令人担忧的捕捞方式的描述。在底部拖网捕捞意味着在海底拽动沉重的拖网。据估计，每年

拖网捕捞
Photo by Fredrik öhlander on Unsplash

大约有美国领土那么大的区域在进行拖网捕捞。一篇科学论文把这种行为比作每年砍伐亚马孙雨林一次。

过度捕捞的后果之一就是对海洋生态系统有影响,这首先就是从拖网捕捞开始的。要想进一步了解拖网捕捞和海底生态系统的关系,就要从美国马萨诸塞州的新贝德福德镇开始研究。

几年前我开车经过新贝德福德镇的时候,被海边山坡上一栋古老的大厦吸引住了,这栋大厦是很久以前美国捕鲸者的财富见证。新贝德福德镇是 19 世纪大多数捕鲸船队的船籍港,曾经是这个国家最富有的城镇。成功的船长们用大厦彰显其财富,而他们忧心的妻子则在房顶上走着雕刻精美的"寡妇之路",在那里,她们可以眺望大海,希望在多年之后看到熟悉的渔船归来。现在的新英格兰制造业衰落至极,但市中心仍然日新月异,海边依旧忙碌。新贝德福德镇由于大西洋扇贝而再次成为美国最有价值的渔业港口。船长们也再次变得富有,一名好的船员一年可以赚到 10 万美金。

大西洋扇贝是蛤的近亲,它们生活在水下约 100 米的地方,为了避免类似黏土一样的细腻沉积物,一般生活在硬沙和砾石的底部。它们是滤食动物,通过虹吸管吸食海水中的营养物质,例如浮游动植物、一些卵和生物幼虫(甚至包括它们自己的卵和幼虫)。它们成长迅速,3 年到 4 年就已经性成熟了。它们并不是完全不动的,据调查,有的被标记的扇贝可以移动48 千米。

可在海底利用底拖网捕捞扇贝,底拖网由沉重的金属框架制作而成,能将海底的表层挖走。然后,用铁丝网将扇贝从沙砾中筛选出来。新贝德福德镇的船只通常同时放置好几个底拖网,沿着海底一路捕捞。将底拖网收回来后,再通过其他手段从渔获物中将扇贝给筛出来。船员就在甲板上打开并清洗这些扇贝。1973 年,大西洋扇贝的渔获量达到 300 万磅,价值500 万美元,到现在已经上涨了 10 倍,渔获量超过 3000 万磅,价值超过 2 亿美元。从经济和产量的角度来看,扇贝渔业是美国渔业管理一大成功的标志,但是另一方面,这些底拖网仍然在持续破坏海床。

海底拖网捕捞与之非常相似。最简单、最古老的一种拖网是桁拖网,在拖网开口处放置一个巨大的梁或者一块板,利用脚缆或者"附加装置"(经常附带一个小辊)沿着海底拖拽拖网。现在更常见的是"板式拖网",拖网是由网板或门撑开的,这些网板和门看起来就像拖网的翅膀一样。在这两种拖网捕捞中，网的较重部分都接触到海底，尤其是网板，就像一个挖沟的巨犁一样。拖网的脚缆也会剐蹭海底。虽然大多数的拖网作业都是在软泥、沙和砾石上进行的，但仍有部分拖网装置被设计成可以在非常粗糙的海床上移动，这将破坏正常的拖网网面。这种被称为"岩石漏斗"的装置，沿着脚缆装配有轮胎或者轮子，可以将网拉过巨石，避免网被卡住。"岩石漏斗"装置的发展使得拖网捕捞能够深入更加敏感的栖息地，比如珊瑚的栖息地，当然也因此导致人们对环境问题更加担忧。

　　毫无疑问，拖网改变了海底结构。影响的程度取决于栖息地的类型和已存在的自然干扰的数量。这些海底渔具对于数量丰富和高度结构化的海洋生物如珊瑚和海扇等来说，具有非常大的破坏性。拖网捕捞快速铲除了海底的大部分生物，只留下一个完全不同的生态系统。一些拖网捕捞之前郁郁葱葱的生态系统图片与拖网捕捞之后的情景形成鲜明对比，这让人不禁联想到被砍伐一空的森林。这些照片仿佛给了人们猛烈一击，环保组织利用这些照片募集捐款，以筹备"反拖网捕捞行动"。几乎所有的环保组织都反对拖网捕捞，很多组织都致力于完全禁止或至少减少拖网捕捞。像蒙特雷湾水族馆之类的消费者行动组织一般不会推荐任何使用拖网捕捞到的海鲜。

那么,为什么现在仍然有人用拖网捕捞呢?

他们是为了赚钱。我们在为此发怒之前,先思考一下这个问题:世界上大约 20％的渔获量来自拖网捕捞。这 20％对于全球的食物供应来说是非常重要的。没有这 20％,我们将会在土地上进一步撒肥料、喷农药,将不得不砍伐更多的原始森林以获得更多的耕地。凡事皆有代价。有些被拖网捕捞到的

砍伐森林
Photo by Ales Krivec on Unsplash

物种也可以用钓鱼竿、渔线或者其他工具获取，而一些其他的物种，比如大西洋扇贝，却只能通过搜刮海底来获得。

在海里拖网捕捞是否跟砍伐森林类似？

过度捕捞的很多问题都没有一个简单的答案。一个极端是，风暴可能会对海面产生很大的影响，但是对海底的拖网几乎没有任何的影响。另一个极端是，对于一个敏感、高度结构化，很少被打扰的栖息地，这个砍伐森林的比喻却很恰当。要想真正地了解拖网作业的影响，我们必须先研究拖网活动的范围及自然干扰的周期。澳大利亚有两个很好的例子可以说明这一点。

在澳大利亚联邦科学与工业研究组织（Commonwealth Scientific and Industrial Research Organization，CSIRO）工作了多年的海洋生物学家基思·塞恩斯伯里（Keith Sainsbury），对澳大利亚西北部的热带水域进行了调查。他记录了使用拖网的地区和不使用拖网的地区的差异。他发现，使用拖网的地区与不使用拖网的地区相比，海扇、珊瑚、鱼等海底生物的多样性都差很多。但一旦停止使用拖网捕捞之后，这片区域的海底结构又会逐渐恢复,并且会有更多有价值的鱼返回来。不使用会对海底栖息地造成破坏的拖网,而使用捕集器也能捕捞到有价值的物种。塞恩斯伯里因为他的这项工作获得了著名的日本国际奖(Japan Prize),其中包括大量的现金奖励和与日本天皇共进晚餐的机会。

在澳大利亚东部,澳大利亚联邦科学与工业研究组织的另一名科学家罗兰·皮彻(Roland Pitcher)研究了拖网捕捞对一个更加著名的区域——大堡礁(使用拖网捕捞虾类的重要区域)的影响。大堡礁是由澳大利亚东北海岸的珊瑚礁复杂网状结构组成的,珊瑚岛和海底暗礁点缀在沙质海床上。捕虾业远离这些珊瑚礁,但是在珊瑚礁之间的沙滩上拖网捕捞。这里经常有带有巨大波浪能的热带气旋不断搅动着沙子。皮彻和他的同事进行了一系列实验,包括停止一些区域的拖网捕捞,同时又在一些新的和未开发的区域进行拖网捕捞,最后发现拖网捕捞的影响很小。有这样一句科学格言:"如果你的实验需要统计数据,那么你的实验就不正确。"皮彻和他的同事需要大量的统计数据来发现拖网捕捞的影响。沙质海床、洋流、频繁的热带风暴,这一切阻止了塞恩斯伯里实验中敏感的物种将这里作为栖息地。

　　所有这些研究表明,拖网捕捞的影响很大程度上取决于栖息地。拖网捕捞了所有的海洋生物并且破坏了所有栖息地的极端说法,对于大多数存在拖网捕捞作业的海洋来说,当然是不对的。

　　最有力的证据来自那些被拖网严重破坏的海域及研究海域。北海、美国东北部(扇贝渔业所在地)及墨西哥湾这三个区域,每个区域都使用了一个世纪的拖网。在新英格兰,平均下来,每个地方每年都会被拖网捕捞一次。有些地方一年被拖网捕捞多次,有的则不然。在墨西哥湾,每个地方平均每年被拖网捕捞两次。

　　但是在一个世纪的商业拖网捕捞之后,这些地方仍然有足够的物种,达到了可持续发展的水平,而且当停止过度捕捞之后,曾经具有重要商业价值的物种也逐渐恢复了。北海和新英格兰的黑线鳕与鳕鱼正在恢复或者已经恢复到了目标水平。墨西哥湾的红鲷鱼的数量也在增加。如果拖网破坏了其栖息地,那么这些情况都不会发生。当然,拖网确实改变了生态系统(甚至在某些地方影响还不小):已经有证据表明拖网降低了一些物种的生长速度,一些物种在被拖网捕捞的栖息地再也不能恢复到最初的水平了。

要想真正了解世界各地的渔具对海床的影响，就必须知道每年各地的海床被拖网捕捞过多少次。可惜的是，我们不知道这个问题的答案。栖息地的测绘不够完整，而且对于拖网接触到的泥土、沙子、砾石、硬土或者珊瑚的情况并没有进行统计。一般来说，拖网捕捞应该尽量避开坚硬的海床。新英格兰、大西洋中部海岸和墨西哥湾的扇贝附着的海床都是柔软的，拖网捕捞的影响也很小。

如此说来，拖网捕捞不同于砍伐森林。

大多数拖网捕捞的区域一年到头都在同一个地方。但伐木工人不可能也是这样——一个地方的树木砍完了就要换个地方。渔民可以在同一个地方一直捕鱼，因为他们知道鱼群会一次次地返回这个地方，所以他们也不会收起放置在海床的拖网。华盛顿大学的特雷弗·布兰奇（Trevor Branch）一直在研究最近几年的观测记录，这些记录来自加拿大西部渔船上的观察员对拖网的监控。差不多每个渔民都有 50 或 100 条拖网线路（记录在其全球定位系统装置里），每条船只都会定期沿着这些线路捕捞。他们肯定不会像亚马孙伐木工那样用拖网将一个地方彻底破坏，然后再换一个地方捕鱼。大多数的拖网捕捞都不会像砍伐森林那样运作；如果他们彻底破坏了鱼类的栖息地,那么鱼类早就彻底灭绝了。

　　有人担心,拖网捕捞这一行为会发展到更多的地方,尤其是那些更深的敏感栖息地。美国和新西兰先发制人,在潜在的渔业有机会建立之前,就关闭了大片的深水区域,并禁止在这些区域进行拖网捕捞作业。一些国际非政府组织一直在努力将这一禁令推广到全世界。

被拖网破坏之后，生态系统需要多久才能恢复?

　　这个很大程度上取决于栖息地本身,特别是取决于其受到自然事件干扰的频率。高度结构化的栖息地与该地长寿命的附属物种(如软珊瑚)可能要花上几个世纪恢复。一些习惯于自然干扰的海洋软床可能几年内就能恢复。

有可以代替拖网来捕捞的工具吗?

　　很多被拖网和底拖网捕捞的物种可以用渔钩、渔线来捕捞,或者用诱捕器捕捉。在浅水区,一些物种可以直接用手捕捉。在某些情况下,渔钩、渔线和诱捕器可以与拖网一较高下,而且在经济上具有竞争力。有些渔业已经在尝试利用其他工具来代替拖网捕捞,在一些拖网捕捞垄断的地方,也在试着利用其他的捕捞方式从中分一杯羹。但是截止到 2011 年,全球约 20％的渔获物来自拖网捕捞,从经济角度来说,这种捕捞方式仍然没有一种可行的替代方式。

14　海洋保护区

什么是海洋保护区？

位于澳大利亚东北海岸的大堡礁是海洋生态系统中的一颗明珠。它由约 900 个岛屿和 2900 个暗礁组成，在昆士兰海岸绵延 2000 多千米。它由于丰富的生物多样性而被列为世界自然遗产。同样，它也是世界上最受保护的海洋区域。1975年颁布的《大堡礁海洋公园法》将大堡礁的大部分地方定义为海洋公园，由大堡礁海洋公园管理局（Great Barrier Reef Marine Park Authority，GBRMPA）进行管理保护。到 2011年，大堡礁有 33％的区域禁止包括捕鱼在内的捕捞活动，在其他的区域则允许开展多样性的活动。

大堡礁排名前四的活动分别是旅游观光、休闲垂钓、商业捕捞以及海运。大堡礁海洋公园管理局通过海洋空间规划或海洋分区的技术手段来合理分配各种活动，以减少它们之间的冲突。然而从根本上来说，大堡礁只有部分区域是用来开展这些活动的，其他部分区域则是完全关闭的，即使是旅游活动也不能开展。海洋空间规划逐渐被认为是管理海洋生态系统的好方法，而大堡礁则被认为是海洋空间规划管理的典型代表，既能较好地保护海洋生态系统,又能得到可持续利用。

难道真的就这么简单吗?大堡礁生物多样性面临的威胁包括:①气候变化,特别是持续升高的全球气温、海洋酸化,以及海平面上升;②污染问题,主要是陆地上农业区排放的废水以及废渣;③石油泄漏;④物种入侵以及珊瑚虫捕食者数量激增;⑤捕捞;⑥捕捞装置、船只抛锚以及航行事故等导致的栖息地破坏事件。由气候变化带来的问题不是依靠大堡礁海洋公园管理局或澳大利亚政府采取措施就能解决的。虽然大陆地区的土地管理政策不受大堡礁海洋公园管理局直接控制,但是该管理局还是积极地联合其他一些组织,试图尽可能减少污染事件的发生,目前已经取得了一定的成果,达成了一系列协议。石油开采与生产过程的限令使得石油泄漏事件在大堡礁海域少有发生,而且分区制度的实行使得捕捞过程对栖息地的破坏降到了最低。

海洋保护区是指那些禁止某些形式的人类活动的海洋区域。最常见的受管制的活动就是捕捞活动,但是石油开采、石油钻探、海底采矿以及旅游观光也有可能被严格限制。建立海洋保护区并不意味着实行全面保护,虽然有些海洋保护区可能会被完全保护起来,但是每个海洋保护区都会根据其总体状况进行分级保护。对海洋动植物伤害最大的水底拖网捕捞以及采捞是最常见的受限制项目。使用不同渔具的商业捕捞同样也会受限,同样,使用渔钩、渔线的休闲垂钓或者其他捕捞手段也有可能被限制。同时,旅游观光中也采取禁止游船抛锚以及限制观光人数等措施加以限制。

"海洋保护区"这个术语并不十分具体,有时候它仅仅意味着这片海域比周边地区受到更高规格的保护。也许与过度捕捞更相关的是"海洋保护"一词,它通常指这些地方会禁止各种形式的捕捞。

海洋保护区保护什么?

2010 年在墨西哥海湾发生的"深水地平线"石油泄漏事故表明,大部分海洋保护区无法保护生态系统免遭大多数重大威胁的影响。当时,石油在海面上冲刷了几百英里。海洋保护区既没能防止海水酸化、水温升高以及海平面上升,也没能免受陆地污染造成的死区和径流带来的粉砂,或外来物种甚至非法捕捞的威胁。目前在海洋保护区唯一实现的只是保护海洋生

态系统免受捕捞的破坏。所以,当我们说我们已通过设立海洋
保护区来保护海洋的时候,也许我们自己有些过于自信而沾沾
自喜了。

世界上有多少海洋区域禁止捕捞?

从传统的基于社区的管理到具有典型西方风格的自上而
下式的渔业管理机构,禁止捕捞在渔业管理上历史悠久。这也

石油泄漏之后,海面覆盖上一层油膜
Photo by Mikael Kristenson on Unsplash

使得地图上那些允许捕捞的区域看起来像一床"百纳被"。有些地区出于保护生殖群体或者幼鱼、避免兼捕渔获物等因素禁止捕捞;在有些地区,如果某种捕捞工具被证明相对于其他工具有明显优势,那它将会被禁止使用。然而,世界上完全禁止任何捕捞形式的海洋保护区只占世界海洋的一小部分。

几项国际协议都设置了为海洋保护区留出 10％ 到 20％ 的海洋面积的目标,而且很多国家有自己的海洋区域具体目标。总的来说,到 2007 年,仅有 1.6％ 的国家经济区被列为海洋保护区,仅有 0.2％ 为海洋自然保护区。

有些保护区范围辽阔。在 2000 年美国竖立西北夏威夷群岛国家纪念碑之前,大堡礁是世界上最大的海洋保护区。有些国家已经禁止大部分海域的拖网捕捞。美国在其 200 海里专属经济区 2/3 以上的区域里都禁止使用海底接触工具进行捕捞,虽然在太平洋本来就很难进行海底捕捞。新西兰也关停了其 200 海里专属经济区 30％ 的区域的拖网捕捞作业。

禁止捕捞有什么影响?

捕捞区与禁渔区之间的鱼类丰度差异很大程度上取决于

两个因素：在保护区以外地区的渔获量和保护区内的鱼类活动量规模。

通过对建立很久的海洋保护区内外的鱼类丰度进行调查比较发现，保护区内的鱼类数量往往是保护区外的鱼类数量的 2～4 倍。

如果保护区很小且保护区里的鱼游出去了，那么这个保护区将起不到任何作用。但是如果鱼没有游出保护区，那么保护区外的捕捞压力会相当大，我们会发现保护区内的鱼类丰度是外部的 5～10 倍。当保护区外的过度捕捞越来越严重时，保护区里的鱼类相对丰度会越来越大。

保护区内不仅会有更多的鱼，而且鱼的种类会增多，或者说生物多样性会更高。在外部过度捕捞的环境下，保护区内的鱼类数量通常会增长 30％，而且鱼类活得更久、体形更大，这是没有被过早捕捞的自然结果。

这固然很好，但问题是渔民要去哪里？当然，他们应该去其他地方捕捞。这会导致保护区外的过度捕捞更加严重，而且兼捕渔获物会增加。这样的捕捞转移的结果并不是管理委员会希望看到的。远距离捕捞意味着耗费更多的燃料，更多的燃料和更远的航行意味着排放更多的温室气体。长途航行也意味着出事故的风险更大,利润更少,更严重的是,很多渔船将无法满足远距离捕捞的条件。

海洋保护区的建立可能成功地"锁住"了一部分鱼类资源,从而降低了总的持续渔获量。如果这部分资源停留在保护区内,那么我们可以预期,保护区外的渔场的持续渔获量将成比例地降低。但是,如果保护区外的鱼类被过度捕捞,那些从保护区内扩散出去的鱼卵以及幼鱼反而会提高持续渔获量。

海洋保护区的设立能提高鱼类丰度吗?

我们所了解的几乎所有案例中,在严格执行海洋保护区条例的海域的鱼类数量要高于保护区外的数量。但是当我们考虑整个生态系统的鱼类数量时,问题远没有这么简单。我们通常认为,当捕捞移到保护区外时,这样的附加结果是降低保护区外的鱼类丰度。但是从期望回到现实,我们需要通过比较在确立保护区前后,保护区内外的鱼类数据来证实这一点。可悲的是,这样的数据实在是太少了。有些情况下,在保护区禁止捕捞之后,保护区内外的鱼类丰度的确都上升了,但是这些研究缺乏对照,或没有未建立海洋保护区的类似区域的数据来对比。如果海洋保护区的建立与每种鱼类的良好环境条件相吻合,我们肯定会期望保护区外的鱼类丰度也有所上升。在其他情况下,我们发现保护区内的鱼类丰度上升而保护区外的鱼类丰度则下降了。

总之,生态学理论期望并预测,如果过度捕捞是一个主要问题,那么建立海洋保护区将会使整个生态系统的鱼类丰度上升。这是因为鱼卵以及幼苗会漂移到邻近保护区的过度捕捞区,这样就可以使整体的鱼类丰度都保持上升状态。

建立海洋保护区可以解决一些过度捕捞问题吗?

是的,当一个渔场被过度开发之后,它既不可能通过自身调节捕捞努力量,也不可能控制渔获量,只有在当地的渔业组织承认该海域为保护区的时候,海洋保护区才能有效地控制鱼类数量。当今世界上,不管是传统的还是现代的小型渔场,其管理者都将设立保护区作为他们的管理手段之一。

在有些地方用来防止过度捕捞的渔业管理系统已经被取代了,海洋保护区首先要被看作自然公园,这样才能保持那些原始的丰度水平和群落结构,也才能防止自然生态系统被过度捕捞所破坏。但是,海洋保护区可能在保护生态系统或者防止过度捕捞中完全起不到作用。

这也是海洋保护区在已经拥有成熟的渔业管理系统的发达国家饱受争议的原因。从事休闲渔业和商业渔业的渔民认为已有的预防过度捕捞的管理制度已经很严苛了,没有必要通过设立海洋保护区进一步增加他们的负担。

应该在多少海域内禁止捕捞?

这完全取决于保护区需要达到什么要求以及要保护谁的利益。现今国际上已经制定了将10%~30%的国家经济区纳入各级保护范围的目标,但是大部分国家远远不能实现这些目标。有些国家拥有完善的防止过度捕捞的系统,它们设立保护区的目的和设立陆地国家公园的目的相似,主要是保护具有代表性的生境及其相关生物多样性。与此相比,美国大约有10%的国土被定位为陆地公园。因此,与基于生态系统管理的大多数问题一样,这个问题的答案应该由社会选择来给出,而不是由科学分析给出。

15 捕捞对生态系统的影响

过度捕捞怎样影响生态系统？

早期的探险家的航海记录充满了对新大陆所蕴藏的自然财富的惊叹，以及对那些体形庞大的鱼类的惊奇。在 1615 年出版的关于约翰·卡伯特(John Cabot)的纽芬兰航行的书中，彼得·马特(Peter Martyr)写道："在大海周边，他发现了数量庞大的鱼群，有时候这些鱼群甚至堵住了船只的航道。"

捕捞会影响生态系统。捕捞活动越频繁，影响越大。大量的捕捞活动可能会使原来的生态系统完全改变。

这些改变通常发生在很多方面。例如对个别鱼类的直接清除，清除捕食者或被食者而产生的间接影响，以及使用渔具所产生的物理影响都会改变海洋生态系统。最开始，较成熟的鱼最容易成为捕捞目标，随着捕捞压力的增大，捕捞上岸的鱼越来越小，数量也慢慢下降。即使是在那些管理良好的能长期维持最大持续渔获量的渔场，鱼类丰度也仅仅是没有捕捞时的 $20\%\sim50\%$。那些被过度捕捞的渔场情况可能更加严重，它们的鱼类丰度可能只是捕捞前的 10%。

　　当我们选择性地捕捞某些鱼类时,会破坏原来鱼类间的捕食与竞争的平衡。除去捕食者,它的被食者与竞争者数量会成倍增加,但是原来以它们为食的鱼类会因为缺少食物而减少。因此,我们预计在被捕捞的海洋生态系统中,海洋鸟类和哺乳动物的数量将会减少,因为在食物链中大部分的能量都直接传递给了人类,这些海洋鸟类和哺乳动物所获得的食物将越来越少。

　　所有这些,都证明了在渔业中总会有胜利者与失败者。

　　如果我们关闭渔场,会发现那些被我们当作捕捞目标的鱼类的丰度将会上升,同时,那些之前没有被捕捞的非捕捞目标的鱼类的丰度则会下降。像拖网和刺网这样没有选择性的捕捞工具会沿途捕捞所有的鱼类,于是主流文献都开始关注这样的行为会给生态系统带来怎样的破坏。总体来说,没有一个确切的描述可以形容生态系统正经历着怎样的变化。

　　然而,值得注意的是,如果我们将海洋作为我们的食物来源,那么即使可持续捕捞也不可避免地会导致鱼类丰度的下降以及个体平均尺寸的减小。

　　当然,如果我们将可持续捕捞变为过度捕捞,这些破坏会越来越严重,对环境的破坏从来都是连续不断的。如果我们捕捞得少一点,那么食物的供应也会相应减少,此时对生态系统的破坏也会减小。可持续捕捞在提供源源不断的食物的同时,也会在一定程度上改变生态系统。严重的过度捕捞不仅会使食物的供应减少,也会使原有的生态系统完全改变。

捕捞工具同样也会改变生态系统。本书的第 13 章提到过,那些在海底拖行的拖网会将由海扇、珊瑚以及一系列其他海洋生物构成的海底结构破坏掉。即使是诱捕器或渔线,如果它们被拖到海底,也会改变海底的生态结构。

每当讨论什么才是合适的渔获量的时候,大家几乎一致认为我们应该减小捕捞压力,这样才能从长远角度保证我们的食物供应,但是在我们应该减少多少渔获量的问题上并没有达成一致意见。

和著名的海洋探险家西尔维娅·厄尔(Sylvia Earle)一样,很多严苛的"保护主义者"认为应该完全禁止涉足海洋捕捞,让海洋维持以往自给自足的状态。而与之直接对立的是大多数政府的渔业政策,这些政策试图在保证最大食物供应量的基础上管理渔业。

要记住:在完全禁止捕捞与维持最佳的长期食物供应量的捕捞之间,存在持续不断的捕捞压力,这种压力是可持续的,但会产生完全不同的结果。那些将粮食产量作为最重要考虑因素的国家比追求利益最大化的国家捕捞得更多,而那些重视原始生态系统保护的国家则捕捞得很少。

珊瑚礁对捕捞特别敏感吗?

珊瑚礁似乎对捕捞特别敏感,尤其是那些人类定居点附近的珊瑚礁,因为它们长期经受着高强度的捕捞压力。炸药捕捞甚至可以完全摧毁珊瑚礁的物理结构,拖网捕捞也能破坏深水区的软珊瑚结构。

鱼类、海藻、海胆以及珊瑚间的复杂的相互联系构成了非常有趣的生态结构。如果移除一些关键的草食性鱼类,藻类将大量繁殖,从而导致珊瑚窒息而死;从另一方面来看,捕捞到关键的捕食者会让海胆大量繁殖,继而吃掉大量的甲壳珊瑚藻,而这些珊瑚藻构成了珊瑚礁食物链的基础。

通过对比研究太平洋地区不同珊瑚礁附近的鱼类丰度发现,在人口密集的岛屿附近水域的鱼类丰度约为没有人的水域的鱼类丰度的 25％,尤其是大型掠食性鱼类,在有人的岛屿附近水域几乎难以寻觅到它们的踪影。

　　珊瑚礁所面临的最大威胁之一就是年平均气温升高导致的珊瑚白化。珊瑚白化主要是由一种名为虫黄藻的微生物引起的,它们常年寄居在珊瑚里面,当这些虫黄藻离开珊瑚、死亡或者脱色的时候,珊瑚白化就会发生。珊瑚需要虫黄藻通过光合作用给它提供营养物质,如果珊瑚持续白化,而虫黄藻不再返回,珊瑚就会死亡。有充分的证据显示,在珊瑚礁附近的鱼

海底珊瑚礁及海龟
Photo by Hanjoung Choi on Unsplash

群被大量捕捞时,珊瑚更容易白化。

什么是营养级联?

在很多生态系统中,捕食者与被食者是紧紧联系在一起的。例如,在阿拉斯加海岸,海獭是海胆的天敌,相应地,海胆又以海藻林为食。当猎人大量捕杀海獭以获取它们的皮毛的时候,海胆的数量会大量增加,从而导致海藻林大幅度减少。

海獭
Photo by Steve Halama on Unsplash

就像阿拉斯加州所发生的这样，食物链顶端的捕食者的消失会通过食物链以及食物网向下引起一连串的生态系统变化，这就叫作"营养级联"。

威斯康星大学的两位生态学家史蒂夫·卡彭特（Steve Carpenter）和吉姆·基切尔（Jim Kitchell）对营养级联的工作原理进行了生动的实验演示。他们的研究对象是捕食其他鱼类的鱼类、捕食浮游动物的鱼类、浮游动物以及浮游植物。通过模拟休闲垂钓的影响，卡彭特与基切尔将大部分的食鱼性鱼类都排除在外。他们发现由于食鱼鱼类的被食者，即捕食浮游动物的鱼类数量增加，浮游动物大量减少了，最终使得浮游植物增加了。在这个案例中，捕捞食物链顶端的生物会导致食物链中生物的一级一级变化，直到最低一级。

目前，我们还不清楚海洋生态系统中的营养级联有多普遍，也不知道捕捞在多大程度上会导致营养级联的出现。正如我们看到的一样，将珊瑚礁附近的草食性鱼类移除会导致藻类疯狂生长，最终会使珊瑚窒息而死。这就是一个典型的营养级联的例子，这样的单因素的营养级联的例子还有很多。当然，捕捞产生的两个相互制约的因素也会导致大量的营养级联。首先，捕捞通常会从生态系统中移除大量不同种类的鱼类。只移除系统中的最高级捕食者的情况是很罕见的,我们往往同时捕捞从高级到低级的各类物种。其次,海洋生态系统中的食物链结构错综复杂,大部分鱼类会随着环境变化来决定它们以什么为食。那种简单的 A 吃 B、B 吃 C、C 吃 D 的情况仅仅是例外,而不是普遍规律。

需要对饲料鱼进行特殊保护吗?

饲料鱼是指海洋生态系统中被大部分的食鱼鸟类、哺乳动物以及其他鱼类捕食的鱼类。常见的饲料鱼有沙丁鱼、鲱鱼、鳀鱼、毛鳞鱼、黍鲱以及美洲鲥鱼等。它们都是典型的滤食动物,主要以浮游动物为食。它们是海洋里资源最丰富的鱼类,而且通常以群体形式存在,十分容易被捕获。世界上大多数的大型渔业,如秘鲁的秘鲁鳀渔业,欧洲的鲱鱼渔业,日本、美国加利福尼亚州和南非的沙丁鱼渔业,以及美国东南部的鲱鱼渔业都捕捞这种饲料鱼。

很显然,大量捕捞饲料鱼就会减少食物链上较高级捕食者的食物供应,这是评估捕捞强度时需要注意的一点。历史上,西方国家的管理者都是分开考虑每种鱼类的持续渔获量的。

例如,加利福尼亚州在计算沙丁鱼的潜在最大持续渔获量时没有考虑捕食沙丁鱼的饲料鱼的数量和以饲料鱼为食的鸟类或者哺乳动物的数量。但是,现在的渔业管理者通常会考虑食物链中的高级捕食者。

考虑到这些因素,减少捕捞单一鱼类时也要减少捕捞饲料鱼这一建议看起来十分合理。这也表明,还有其他种类的鱼类、海鸟和哺乳动物可能具有重要的商业或娱乐价值。实际计算这些因素的影响往往十分困难,几乎无法得到准确数据,但

饲料鱼
Photo by Andy T on Unsplash

是能达成共识,即我们捕捞的饲料鱼的数量应该低于保证持续
渔获量时能捕捞的数量。

与之相关的一个十分具有争议性的话题就是对磷虾的潜
在捕捞。磷虾是一种大型无脊椎动物,与构成食物链基础的小
虾非常相似,尤其是在南极地区。磷虾是饲料鱼中占最大比例
的微生物饲料,也是大型须鲸的主要食物。磷虾数量十分丰
富,据估计,磷虾的持续渔获量可能是海洋中其他所有动物持
续渔获量的总和。但是问题在于,当我们大量捕捞磷虾时,南
极海洋中须鲸以及其他物种的食物来源将大大减少。

什么是兼捕渔获物? 它有多么重要?

兼捕渔获物是指在捕捞过程中捕捞工具所捕捞上岸的计
划外的或者不希望捕捞的物种。那些受到特别关注的兼捕渔
获物通常是可能濒临灭绝的鸟类、哺乳动物、鲨鱼以及海龟等。
但是大部分的兼捕渔获物被扔掉往往是因为它们没有商业价
值,或者它们是因过度捕捞而需要被保护的物种。

将这些生物丢弃首先就是一种浪费,据估算,在 20 世纪
90 年代中期,约有 25% (约 2700 万吨)的捕捞上岸的鱼被丢

弃。这个比例现在应该有所下降,很大一部分原因是之前被丢弃的鱼现在会被拿到市场上销售,但是我们仍然永远无法知道到底有多少鱼被丢弃了,因为准确来说,被丢弃的鱼是指那些没有被捕捞上岸并销售的鱼。

不同渔业里兼捕渔获物与被丢弃渔获物的数量之间的差异是巨大的。其中,拖网捕捞虾的情况最为糟糕,平均每捕捞上岸 1 吨虾就有超过 5 吨鱼会被丢弃。而另一个极端则是只捕捞一种大洋鱼类的渔业和阿拉斯加州的狭鳕渔业,它们的兼捕渔获物的数量占总渔获量的比例通常低于 1%。

有三种方法可以减少兼捕渔获物与被丢弃渔获物。通过发展技术手段可以改变传统捕捞方式,最著名的成果可能是在东部热带太平洋区域金枪鱼围网渔场试着通过技术手段防止海豚被捕捞。现在的渔船上都安装有一种名为"撤回"(back down)的特殊程序,这样就可以将渔网放得更低,使海豚可从渔网上方顺利通过而不会被捕捞上岸。海龟排除装置有助于在拖网捕捞虾时避免对海龟的捕捞。很多地方都改变了传统的长线垂钓方式来避免海鸟捕食的时候被渔钩捕获。另一种方法就是暂时地或永久地关闭兼捕渔获物数量大的区域。最后一种方法是限制个体渔船或者捕捞船队的兼捕渔获物数

量,这种限制可以有效地刺激渔民找到减少兼捕渔获物的
方法。

基于生态系统的管理与基于单一物种的管理方法有什么不同?

　　基于生态系统的管理或者渔业管理的生态系统方法,人们认识到海洋生态系统中各个物种之间都是相互联系的。由此,人们进一步意识到在渔业管理过程中必须同时考虑到渔民与所采用的管理制度。20 世纪,西方社会开始发展的渔业管理方式都倾向于采用单一物种管理方法:关注鱼群数量,确定合理的捕捞压力以达到最大持续渔获量,以及通过调节捕捞努力量以达到预定的捕捞压力。这种只考虑单一物种的方法存在很多缺陷,没有考虑到兼捕渔获物以及捕食者、被食者和竞争者的影响,也没有考虑渔具的影响。很显然,单一物种管理方法也没有考虑捕捞船队或者管理系统及其与各种鱼类管理过程的相互作用。例如,如果一种鱼类的数量下降,管理者会增加另外一种鱼类的捕捞压力以维持总渔获量。

　　世界上很多渔业管理机构都采取基于生态系统的渔业管

理方式,但是它们在实施方面相去甚远。大部分渔业管理机构采取明确的方式来减少兼捕渔获物,保护那些脆弱的物种,通常会通过限制渔具、捕捞时间以及区域来达到目的。越来越多地,目标渔获量降低到单一物种的最大持续渔获量以下,而且目标生物量高于最大持续渔获量。两者均有效地降低了捕捞压力的总体影响。很多组织严格限制在敏感区域使用水底拖网或者划出一大片区域禁止拖网捕捞。

从概念上来说,基于生态系统的管理方式是基于全局的,很显然,我们所面临的最大问题是目标众多,我们希望有更多的海鸟以及哺乳动物,同时我们也希望有更多可食用的鱼类以及更多的工作岗位。同时将这些需求最大化是不可能的,因此,迄今为止,立法者在根据社会需求来权衡得失时难以向公众做出解释。从某种程度上来说,其结果就是零敲碎打地执行,不同的管理系统会产生完全不同的结果。

基于生态系统的管理方式的另一个问题是不同的选择会影响不同的利益相关者。对保护主义者来说,这意味着要大幅度减小捕捞压力,并关闭大面积的捕捞海域。对于渔业社区来说,这意味着渔业管理目标是维持社区的可持续性。因此,当混合型渔业中部分鱼类资源将要耗竭时,保护主义者会选择几乎完全禁止捕捞,而渔业社区则希望通过制订渔场恢复计划来保证它们的经济基础,它们为了最大化整个生态系统的持续渔获量,有时甚至会继续捕捞已经被过度捕捞的鱼类。从某种角度来说,基于生态系统的管理,为了使食物供应量最大化,可能会故意捕杀食鱼类海洋哺乳动物。而那些高度重视海洋哺乳动物权益的利益相关者则对这种行为深恶痛绝。

渔业管理的预防方法是什么?

渔业管理的预防方法是从预防原则演变而来的,即在知道行动不会对环境造成危害之前,不应允许采取行动。这种方法在渔业管理中实行,很大程度上是因为在出现明显过度捕捞的情况以前,渔业管理措施经常得不到执行。

这种预防原则是一种十分保守的概念。在知道捕捞对生态系统的影响以及持续渔获量之前不准进行任何捕捞活动。由于我们主要是通过实际捕捞来了解捕捞影响,那么合乎逻辑的预防原则应该是除了在高度受控的实验环境中,其他区域一律不得进行捕捞。

从历史上看,举证责任一直由那些反对禁止捕捞的人所承担,而预防原则则要求那些主张捕捞的人担负起举证责任。

预防方法试图平衡一项行动的潜在利益(通常允许特定量的捕捞)与潜在风险。联合国粮食及农业组织在其关于渔业预防方法的报告(见延伸阅读)里给出了举证责任分配方案:"对于授权进行捕捞活动的举证标准应该与其对资源的潜在风险相匹配,同时也应该考虑从事该活动得到的预期利益。"

由联合国粮食及农业组织所定义的渔业管理预防方法中特殊的部分包括:①要考虑后代的需求,尽量避免发生不可逆的变化;②事先考虑发生不良后果的情况并迅速提出解决或修正错误的方法;③所有必需的纠正措施必须立即执行,不得延误……;④在开采资源所带来的影响不确定的情况下,应该优先保护资源的生产能力;⑤资源的开采能力与生产能力应该维持在相应的可持续发展水平……;⑥从事捕捞活动之前,必须经过管理部门的授权并接受定期检查;⑦建立渔业管理的法律制度与框架,保证每个渔场都按照制度执行;⑧根据以上要求坚持合理确定举证责任。

有多少海洋鱼类濒临灭绝？

世界自然保护联盟(International Union for Conservation of Nature,IUCN)是划分濒临灭绝生物最权威的机构。他们根据物种的濒危程度建立了一套评价标准,将其划分为灭绝、极度濒危、濒危、易危、近危、低危、无危以及数据缺乏。灭绝指有确凿证据证明一个分类单元的最后一个个体已经死亡。极度濒危是指该物种在未来 10 年内灭绝的可能性为 50%,濒危是指物种灭绝的可能性为 20%,而易危则是指在未来 100 年内灭绝的可能性为 10%。虽然很多专家小组已经对众多物种进行了评估,但是并没有完成对全部物种的评估。到目前为止,他们已经评估了所有的海鸟、哺乳动物、爬行动物以及鲨鱼。直到 2008 年,大约有 20% 的鲨鱼,30% 的珊瑚、海鸟和海洋哺乳动物,以及 90% 的海洋爬行动物被认为极度濒危、濒危或者易危。对于鲨鱼以及海洋哺乳动物,超过 30% 的物种因数据缺失无法进行评估。

唯一接受了完全评估的硬骨鱼类是石斑鱼,这是一种经常在珊瑚礁附近出没的热带鱼,它们在很多地方都容易被密集捕捞。有超过 15％的石斑鱼被认为有濒临灭绝的危险。另一个组织采用在所有物种中随机抽样的方法对石斑鱼进行评估,以此与世界自然保护联盟的分类进行对比。有略多于 10％的硬骨鱼(不包括鲨鱼和鳐鱼)达到了濒危的评估标准。

胸棘鲷与大西洋蓝鳍金枪鱼都面临着灭绝的危险,人们已经做了很多相关宣传。尽管这两种鱼的渔获量都很高,而且它们目前的丰度都远低于 100 年前的丰度,但大西洋中仍有成千上万的大西洋蓝鳍金枪鱼和数以亿计的胸棘鲷。这与数百或数千个陆生物种进行任何比较都是非常夸张的。持续的过度捕捞是这些物种以及其他具有商业价值的物种面临的问题。为了解决胸棘鲷的问题,在新西兰与澳大利亚,大部分胸棘鲷栖息地所在的海域已经禁止捕捞,所以胸棘鲷灭绝是不可能发生的。而未来大西洋蓝鳍金枪鱼是否会灭绝,则要看它们的捕捞压力是否会降低。

16　过度捕捞现状

世界上的鱼类是否被过度捕捞了？

关于商业鱼类资源状况最具权威的评估来自联合国粮食及农业组织。该组织每两年发表一份报告，总结具有重要商业价值的鱼类的状况。联合国粮食及农业组织估计，2008 年全世界有 32％的鱼类资源被过度捕捞、耗尽或处于恢复期。这是对可能导致过度捕捞的鱼类的估计。如果我们把经济型捕捞过度和生物学捕捞过度考虑在内，这个比例显然会更高。

2009 年，我参与发起了一项倡议，即根据管理机构的评估，建立一个关于鱼类丰度趋势变化的数据库。这个数据库目前包含了世界上 300 种以上最重要的鱼类资源量，它必然严重偏向欧洲和北美洲，因为在那里大多数鱼类受到了评估。因为缺乏公共资源评估，亚洲迅速发展的渔业基本没有被纳入该数据库。然而，我们的数据库的确涵盖了能够让公众密切关注过度捕捞的大多数数据。据联合国粮食及农业组织对过度捕捞的估测，在数据库内提及的地区，过度捕捞的情况要比其他地区更为严重。

我们发现大多数发达地区在 20 世纪 80 年代和 20 世

90 年代都曾遭受过大规模的过度捕捞,并且当前大约 2/3 的资源量低于可维持最大持续渔获量的丰度水平。大约 1/3 的鱼类可以归为被过度捕捞的——它们的丰度很低,以至于它们的持续渔获量显著下降,因此我们得出了和联合国粮食及农业组织相同的结论。

只有阿拉斯加州和新西兰相当一部分的鱼类没有遭到过度捕捞,在其任何一个有数据可考证的渔场,过度捕捞已成为其历史的一部分。

更鼓舞人心的是,我们发现几乎所有地方的捕捞压力都大幅降低了。通过查看数据,我们可以发现在 2005 年之前,有 2/3 的鱼类捕捞压力过小,以至于无法产生最大持续渔获量,只有大约 15％ 的鱼类被捕捞到足以导致长期渔获量显著下降的程度。对数据库所覆盖的地区来说,好消息是粮食安全的威胁极其小。

从经济和生态系统的角度来看,大部分鱼类仍然被过度捕捞了。对于 1/3 的鱼类来说,捕捞压力很大,平均而言,它们的丰度都将低于传统的鱼类丰度目标值,即会产生最大持续渔获量的丰度水平。为了带来最大的长期经济回报,超过 60％

的鱼类仍被不必要地过度捕捞。即便从粮食安全的角度来看，这一画面也是非常鼓舞人心的,但从经济和生态系统的角度来看,这其中有很大的改善空间。

目前,我们并没有世界上大多数国家,特别是亚洲和非洲国家的历史捕捞压力的数据。所以很难说这些洲是否也存在过度捕捞现象,但基于其持续增长的渔获量,我们可以确定这些地区近年来的捕捞压力并没有任何减少。然而,2005 年,联合国粮食及农业组织对渔业状况的报道显示,亚洲、非洲地区过度捕捞和耗竭的鱼类资源的比例要比欧洲和北美洲地区小得多。因此,人们普遍质疑的是,亚洲和非洲的渔业是否应该持续加大捕捞力度,过度捕捞是否会持续加强,因为亚洲和非洲地区与欧洲和北美洲地区的大部分国家有着不同的法律架构和体制结构,而后者在减小捕捞压力方面成效显著。

渔业管理良好的国家和渔业管理不善的国家分别有什么特点?

什么是管理良好? 从某些方面来说,它意味着捕捞很少,以及保证生态系统基本完整。从其他方面来说,管理良好的渔业应该能为某国或全世界带来近乎最大的经济价值。其他人也可能认为,渔业管理良好能确保粮食安全,维持传统渔业社区和就业水平。

就过度捕捞的渔获量的管理而论,美国、新西兰、挪威和冰岛十分突出,尤其是美国,它是唯一一个正式定义过度捕捞,并且颁布严格的法律,要求违反者得到制裁的国家。来自南佛罗里达大学的美国国家海洋大气局前首席科学家史蒂夫·穆拉夫斯基在 2011 年 1 月宣布,美国联邦政府管理的渔业的过度捕捞时代已经结束。没有其他国家能这样宣称。在新西兰,过度捕捞造成的粮食生产损失从来都不是大问题,在冰岛和挪威,它也只是一个微小的困扰。

让我们从渔获量转移到经济上来,这是新西兰、冰岛和挪威的优势所在。在这三个国家中,渔船队的数量和渔业资源的数量是相匹配的,众多渔船追捕过少的鱼群是不可能的,同时,如果国家有相关补贴的话,渔船队也就更少了。在这点上,冰岛尤为引人注目,因为早在 2007 年至 2010 年间,银行业泡沫灾难之前,它仅凭渔业就达到了非常高的生活水准,在使海洋的潜在价值最大化方面也做得相当出色。相反,在世界上大多数国家,渔业是国家经济的净消耗,其获得的津贴通常跟鱼类所产生的经济价值一样高。

很少有国家有着尤为良好的环保记录,美国宣布其大部分经济区为公园和保护区,在这方面已经成了杰出的领袖。目前,衡量渔业对环境的影响的最佳指标可能是捕获压力的总体水平,那些成功减少过度捕捞渔获量的国家,同样应该被视作减少了对生态系统的影响。

由于没有大规模的可用数据库,很难判定哪些国家能够维持其传统的渔业社区。

冰岛、挪威和新西兰的主要相似之处在于它们的规模和结束捕捞竞争的能力。它们已经做得很好了,主要是因为它们的渔船和渔业资源相匹配;渔民没有把其他船只赶到渔场的动机,因此避免了额外的捕捞和经济损失。

谈及成功的渔业管理,规模绝对是至关重要的。新西兰、冰岛和挪威都是政治体系相对不复杂的小国家。一般来说,只有在仅有少数重要政治权力和利益相关者的垂直管理体系中,良好的渔业管理才能蓬勃发展。这使小国有比欧盟更为明显的优势,欧盟必须平衡众多国家的需求。国际渔业管理组织试图了解像金枪鱼这样的公海渔业,也会受到各个国家必须达成共识的必要性的阻碍。

在欧洲，有一项举措是将渔业决策权交还给欧盟内的各地区。例如，这将阻止西班牙和意大利干涉波罗的海的渔业事务。如果这样确实能减少介入决策的强权政治集团的数目，那么这将是一项积极的措施。

在我看来，成功的渔业的关键是：①独家权限；②明确的目标；③政治实体内部的治理结构。

对当今的渔业问题来说，补贴有多重要？

补贴的形式有：降低燃料成本、降低渔船建设贷款利率、政府资助的与其他国家的渔业准入协议、政府资助的减少渔船的回购计划、政府出资的技术支持，以及对渔民纳税数据进行收集、研究和管理。在这些途径中，政府可以达到其中一个或者两个目的：他们可以鼓励投资、人力投入或者鼓励采取更好的管理方式。据估计，2000年，全世界对过度捕捞的津贴投入达到了100亿美元，其中超过一半的经费用来补贴燃料、船只建造以及政府资助的准入协议。

这种规模的补贴对海洋资源的社会、经济及生态可持续性都是重大的威胁，因为它的确促成了超额的渔获量和捕捞压力,这会导致环境上、经济上和渔获量上的过度捕捞。

消费者的行为和认证对阻止过度捕捞重要吗?

消费者在购买鱼类之前会参考蒙特利湾水族馆和绿色和平组织等机构发放的一些小卡片,上面会建议哪些鱼类可以或不应该食用,这些资料也能在这些机构的官方网站上找到,这种习惯在北美洲和欧洲的消费者中已经很常见了。我猜测在亚洲、南美洲或者非洲等地很多人并不在意这些小卡片。虽然很难让全世界所有人都统一行动起来,但是很明显的是,这一行动在北美洲与欧洲已经形成了一种新兴的潮流。这一行为习惯对大型零售商的影响非常大,渔业部门已经注意到,像美国的沃尔玛和英国的特易购(Tesco)这样的大型零售商已经宣布他们只销售通过认证的海产品。

2007 年,海洋管理委员会证实在供人类消费的海产品中有 7% 是能够"可持续发展"的。这个数据现在可能会更高一点,我们希望将来绝大多数零售商店销售的鱼类都是通过海洋管理委员会认证的可持续发展的鱼类。现在也有大量证据显示,很多渔业正在通过记录捕捞对生态系统的影响和减少兼捕渔获物等方式来积极改善他们的管理系统。但是我们必须要弄清楚的是,海产品贸易是全球性的,而目前只有北美洲与欧洲的民众采取了行动,世界上大部分地方的人并没有参与进来。

与畜牧业相比,渔业的环境成本有多高?

首先,有一句至理名言——天下没有免费的午餐。

关于过度捕捞所带来的环境影响,我们已经听说了很多,但是我们不要忘记,即使是可持续的捕捞也是会对环境造成影响的。即使在管理最好的渔场中,鱼类的数量与未开发前相比也是偏少的,而且生态系统结构也有所变化。捕捞同时也在消耗着其他的资源,尤其是作为很多温室气体来源的燃料。据估计,现代渔业从碳氢化合物中所消耗的能量是从食物中所摄取的能量的 10 倍以上。食用鱼类确实有实际的环境成本。

而其他的食物生产也是一样的。所以面临的突出问题就是这个成本有多高? 养殖家畜需要大量的淡水、抗生素,以及大量的肥料和杀虫剂,然而海洋渔业对这些资源的需求非常少。海洋渔业的碳足迹比肉牛、奶牛或羔羊低很多,因为这些家畜消化食物时会产生大量的温室气体。如果你关注碳排放、清洁用水、污染或者化学品等，那么食用鱼类将是一个环保的选择。

生物多样性一直是与渔业有关的主要环境问题，这也是可持续渔业与农业之间的根本区别。

可持续捕捞使水域中的鱼类数量减少到开始捕捞前的20％到50％。当进行可持续捕捞时，初级食物来源——浮游植物与其他光合微生物几乎不会被捕捞，次级食物来源——浮游动物与磷虾也极少被捕捞。但当我们在土地上进行农业耕作时，我们会将这片土地上的原生植物全部拔除，种上所需的外来物种。说实话，真的没有办法将渔业与农业所产生的环境影响进行比较。捕捞间的相互关联没有那么密切，而且在那些管理良好的渔场里生态系统结构更类似于自然生态系统，渔场生态系统中保留的原生动植物群比被开发为农业区（例如美国的大平原或者欧洲的葡萄庄园区域）的更多。

问题的关键不在于我们应该吃鱼或者吃肉。它们都是粮食安全的重要部分，很显然，我们能在同时减少它们对环境的影响方面做得更好。但值得注意的是，我们维持渔业管理中生

物多样性的标准(由向消费者提供建议的团体组织制定)要比
农业中的标准高很多。我最近听到一个故事,一位有名的环保
人士在一次聚会上拒绝食用龙虾,坚持要求食用牛排。我猜测
她应该很清楚该选择所带来的环境影响。

我们都应该成为素食主义者吗?

选择吃什么是由每个人自己决定的。毫无疑问,素食者的

落日余晖下的欧洲葡萄庄园
Photo by Karsten Würth (@karsten.wuerth) on Unsplash

生态足迹要低于肉食者的。

我的妻子以前是华盛顿州西雅图北惠德比岛的一名菜农。她在 5 英亩①的土地上种植了 120 种不同的有机蔬菜，并把它们卖给了餐馆、农贸市场和 90 个已订购的家庭。她的农场经营模式是小规模有机蔬菜生产的典型。这种模式十分完美，不是吗？

1850 年，这片土地是被温带雨林所覆盖的，我妻子的这个完美的生产现代环保食品的有机农场是以牺牲自然生境为代价的。我敢大胆地说，这片土地在经过春耕之后没有任何原生植物存在。这个地方完全丧失了生物多样性。以华盛顿海岸作为对比，其在 1850 年的生物组成与现在大体相似。虽然相关鱼类的数量发生了变化，但是依旧能在相同的栖息地找到相同的鱼类。

即使是素食，环境成本也是相当大的，而且目前并不确定素食主义者的环境影响是否比食用鱼类的影响低。所以说，怎么选择是你自己的决定。

---

① 1 英亩≈4046.86 平方米。——译者注

停止过度捕捞需要什么？

当鲍里斯·沃尔姆和我组成的小组完成工作后，我们发现管理机构可以用西方渔业机构已经普遍使用的手段来解决过度捕捞这个问题，即限制总渔获量、限制渔具、关闭部分区域以及限制捕捞努力量。如果政府提供资金支持，捕捞船队遵守制定的规则，那么这种自上而下的管理方式就能有效地发挥作

有机蔬菜
Photo by Raysonho on Wikimedia Commons

用,但是政府和渔民只有在他们对此感兴趣的时候才愿意这么做。只有渔民和政府认定管理过程是合法的,并且管理人员有权执行这些规章制度时,这种西式的管理方式才能起作用。

在太平洋大比目鱼这个案例中我们发现,渔获量意义上的捕捞过度的解决方案不一定适用于经济型捕捞过度问题。然而,消除渔民间的竞争还有很长的一段路要走。我们可以允许渔民个体或团体利用政府或者社会机制相互之间分配渔获量配额以享有独家捕捞权,通过此方法消除捕捞竞争。但是总会

渔业资源丰富的魅力渔村
Photo by Carlos Santiago on Unsplash

有人因为没有得到捕捞权，或者认为他们获得的配额不公平而发生摩擦。

小型渔业需要不同的解决方案。中央政府很少有资源来管理数量庞大的小型渔业。它们通常将管理权下放到一些当地的共同管理机构，当地管理机构在数据收集、管理以及执行上扮演着主要的或独一无二的角色，而且这种绝对的管理方式似乎是成功的必要条件。

不管是工业化渔业还是小型渔业，取消渔船建造补贴是重建生物与经济可持续性的第一步。渔业对所有沿海国家（如冰岛、挪威以及新西兰等国）来说都是巨大财富的来源。看到这么多国家通过超额生产、过度捕捞浪费它们潜在的渔业财富，确实令人感到悲哀。

延伸阅读

概论

Food and Agriculture Organization (FAO). *State of the World's Fisheries and Aquaculture 2010*. Rome: FAO, 2010. http://www.fao.org/docrep/013/i1820e/i1820e00.htm.

Grafton, R. Q., R. Hilborn, D. Squires, M. Tait, and M. Williams. *Handbook of Marine Fisheries Conservation and Management*. Oxford: Oxford University Press, 2010.

Haddon, M. *Modeling and Quantitative Methods in Fisheries*. London: Chapman and Hall, 2001.

Hilborn, R., T. A. Branch, B. Ernst, A. Magnusson, C. V. Minte-Vera, M. D. Scheuerell, and J. L. Valero. "State of the World's Fisheries. " *Annual Review of Environment and Resources* 28 (2003) :359-99.

Worm,B. ,R. Hilborn,J. K. Baum,T. A. Branch,J. S. Collie, C. Costello,M. J. Fogarty,E. A. Fulton,J. A. Hutchings, S. Jennings,O. P. Jensen,H. K. Lotze,P. M. Mace,T. R. McClanahan, C. Minto, S. R. Palumbi, A. Parma, D. Ricard, A. A. Rosenberg, R. Watson, and D. Zeller. "Rebuilding Global Fisheries. " *Science* 325 (2009): 578-85.

1. 过度捕捞概述

Finlayson,A. *Fishing for Truth : A Sociological Analysis of Northern Cod Stock Assessments from 1977—1990* , Vol. 52. St. Johns, Newfoundland, Canada: Institute of Social and Economic Research, Memorial University of Newfoundland,1994.

Harris,L. *Independent Review of the State of the Northern Cod Stock*. Ottawa, Ontario, Canada: Ministry of Supply and Services,1990.

Hilborn, R. , and E. Litsinger. "Cause of Decline and Potential for Recovery of Atlantic Cod Populations. " *Open Fish Science Journal* 2 (2009) : 32-38.

Hutchings, J. A. , and R. A. Myers. "What Can Be Learned from the Collapse of a Renewable Resource? Atlantic Cod, *Gadus morhua*, of Newfoundland and Labrador. " *Canadian Journal of Fisheries and Aquatic Sciences* 51, no. 9 (1994) : 2126-46.

Rice, J. C. "Every Which Way but Up : The Sad Story of Atlantic Groundfish, Featuring Northern Cod and North Sea Cod. " *Bulletin of Marine Science* 78, no. 3 (2006) : 429-65.

Rothschild, B. "Coherence of Atlantic Cod Stock Dynamics in the Northwest Atlantic Ocean. " *Transactions of the American Fisheries Society* 136 (2007) : 858-74.

2. 过度捕捞的历史

Best, P. B. "Recovery Rates in Whale Stocks that Have Been Protected from Commercial Whaling for at Least 20

Years. " *Report of the International Whaling Commission*
40 (1990) : 129-30.

Bockstoce, John. *Whales, Ice, and Men: The History of
Whaling in the Western Arctic*. Seattle: University of
Washington Press,1986.

Carwardine, M. *Whales, Dolphins and Porpoises*. London:
Dorling Kindersley,2000.

Stoett, Peter J. *The International Politics of Whaling*.
Vancouver: UBC Press,1997.

3. 渔业恢复

DiBendetto,David. *On the Run,an Angler's Journey Down
the Striper Coast*. New York: William Morrow,2003.

Greenberg,P. *Four Fish ,the Future of the Last Wild Food*.
New York: Penguin Press,2010.

Richards,R. A. ,and P. J. Rago. "A Case History of Effective
Fishery Management: Chesapeake Bay Striped Bass. "
North American Journal of Fisheries Management 19
(1999) : 356-75.

4. 现代工业化渔业管理

Bering sea pollock species profile. http：//www. fakr. noaa.
　　gov /npfmc /sci_papers /Species_Profiles2011. pdf.

Bering sea groundfish management plan. http：//www. fakr.
　　noaa. gov /npfmc /fmp /bsai /BSAI. pdf.

5. 经济型捕捞过度

Casey,Keith E. ,C. M. Dewees,B. R. Turris,and J. E. Wilen.
　　"The Effects of Individual Vessel Quotas in the British
　　Columbia Halibut Fishery. " *Marine Resource Economics*
　　10,no. 3 (1995)：211-30.

Clark,W. G. ,and S. R. Hare. "Effects of Climate and Stock
　　Size on Recruitment and Growth of Pacific Halibut. "
　　North American Journal of Fisheries Management 22
　　(2002)：852-62.

Clark,W. ,and S. Hare. *Assessment of the Pacific Halibut
　　Stock at the End of 2002.* Report of the Assessment and

Research Activities. Seattle: International Pacific Halibut Commission, 2002.

Deacon, Robert T. , Dominic P. Parker, and Christopher Costello. "Improving Efficiency by Assigning Harvest Rights to Fishery Cooperatives: Evidence from the Chignik Salmon Co-op." *Arizona Law Review* 50 (2008): 479-509.

Gordon, H. S. "Economic Theory of a Common Property Resources: The Fishery." *Journal of Political Economy* 62 (1954): 124-42.

Gutierrez, N. L. , R. Hilborn, and Omar Defeo. "Leadership, Social Capital and Incentives Promote Successful Fisheries." *Nature* 440 (2011): 386-89.

Hardin, G. "The Tragedy of the Commons: The Population Problem Has No Technical Solution; It Requires a Fundamental Extension in Morality." *Science* 162 (1968): 1243-48.

Ostrom, E. *Governing the Commons: The Evolution of Institutions for Collective Action*. Cambridge: Cambridge

University Press,1990.

6. 气候和渔业

Brander, K. M. " Global Fish Production and Climate Change. " *Proceedings of the National Academy of Sciences* ,USA 104 ,no. 50 (December 2007) :19709-14.

Cushing, D. *Climate and Fisheries*. London: Academic Press,1982.

Doney,S. C. "The Dangers of Ocean Acidification. " *Scientific American* 294 ,no. 3 (2006) :58-65.

Food and Agriculture Organization (FAO). "Climate Change Implications for Fisheries and Aquaculture: Overview of Current Scientific Knowledge. " Fisheries and Aquaculture Technical Paper 530. Rome:FAO,2009.

Lluch-Belda, D. , R. J. M. Crawford, T. Kawasaki, A. D. MacCall, R. H. Parrish, R. A. Schwartzlose, and P. E. Smith. "World-wide Fluctuations of Sardine and Anchovy Stocks: The Regime Problem. " *South African Journal of Marine Science* 8 (1989) :195-205.

Soutar, A. , and J. D. Isaacs. "Abundance of Pelagic Fish during the 19th and 20th Centuries as Recorded in Anaerobic Sediment off the Californias. " *Fishery Bulletin* 72 , no. 2 (1974) : 257-74.

7. 混合渔业

Daan, N. "Changes in Cod Stocks and Cod Fisheries in the North Sea. " *Rapports et Procés-verbaux des Réunions du Conseil International pour l'Exploration de la Mer* 172 (1978) : 39-57.

Poulsen, R. T. 2005. *An Environmental History of North Sea Ling and Cod Fisheries 1840   1914*. Esbjerg, Denmark : Syddansk University.

Rijnsdorp, A. D. , P. I. vanLeeuwen, N. Daan, and H. J. L. Heessen. "Changes in Abundance of Demersal Fish Species in the North Sea between 1906—1909 and 1990—1995. " *ICES Journal of Marine Science* 53 (1996) : 1054-62.

Rogers, S. , and J. R. Ellis. "Changes in the Demersal Fish

Assemblages of British Coastal Waters during the 20th Century." *ICES Journal of Marine Science* 57 (2000): 866-81.

8. 公海渔业

Fromentin,J. M. "Atlantic Bluefin." Chapter 2. 1. 5 in *ICCAT Field Manual*, 2006. http://www. iccat. int/Documents/ SCRS/Manual/CH2/2_1_5_BFT_ENG. pdf.

Fromentin, J. M. , and C. Ravier. "The East Atlantic and Mediterranean Bluefin Tuna Stock: Looking for Sustainability in a Context of Large Uncertainties and Strong Political Pressures. " *Bulletin of Marine Science* 76 ,no. 2 (2005):353-61.

MacKenzie, B. R. , H. Mosegaard, and A. A. Rosenberg. "Impending Collapse of Bluefin Tuna in the Northeast Atlantic and Mediterranean. " *Conservation Letters* 2 (2009):25-34.

McAllister,M. K. and T. Carruthers. "Stock Assessment and Projections for Western Atlantic Bluefin Tuna Using a

BSP and other SRA Methodology. " *Collective Volume of Scientific Papers ICCAT* 62, no. 4 (2007) : 1206-70.

9. 深水渔业

Branch, T. A. "A Review of Orange Roughy (Hoplostethus atlanticus) Fisheries, Estimation Methods, Biology and Stock Structure. " *South African Journal of Marine Science—Suid-Afrikaanse Tydskrif Vir Seewetenskap* 23 (2001) : 181-203.

Clark, M. "Are Deepwater Fisheries Sustainable? —The Example of Orange Roughy (Hoplostethus atlanticus) in New Zealand. " *Fisheries Research* 51, nos. 2-3 (2001) : 123-35.

Francis, R. I. C. C. , and M. R. Clark. "Sustainability Issues for Orange Roughy Fisheries. " *Bulletin of Marine Science* 76, no. 2 (2005) : 337-51.

Hilborn, R. , J. Annala, and D. S. Holland. "The Cost of Overfishing and Management Strategies for New Fisheries on Slow-growing Fish: Orange Roughy (Hoplostethus atlanticus) in New Zealand. " *Canadian Journal of Fisheries and Aquatic Sciences* 63, no. 10 （2006）: 2149-53.

10. 休闲渔业

Cook, Steven J. , and Ian G. Cowx. "Contrasting Recreational and Commercial Fishing. " *Biological Conservation* 128, no. 1 （2006）: 93-108.

Pitcher, Tony J. , and Chuck Hollingworth, eds. *Recreation Fisheries: Ecological, Economic, and Social Evaluations.* Hoboken, NJ: Wiley-Blackwell, 2002.

11. 小型手工渔业

Castilla, J. C. , and M. Fernández. "Small-scale Benthic Fishes in Chile: On Co-management and Sustainable Use of Benthic Invertebrates. " *Ecological Applications* 8 (Supplement) (1998): S124-S132.

Castilla, J. C. , and O. Defeo. "Latin American Benthic Shellfi-sheries: Emphasis on Co-management and Experimental

Practices. " *Reviews in Fish Biology and Fisheries* 11 (2001): 1-30.

Castilla, J. C. , P. Manriquez, J. Alvarado, A. Rosson, C. Pino, C. Espoz, R. Soto, D. Oliva, and O. Defeo. "Artisanal 'Caletas' as Units of Production and Comanagers of Benthic Invertebrates in Chile. " Proceedings of the North Pacific Symposium on Invertebrate Stock Assessment and Management. *Canadian Special Publication of Fisheries and Aquatic Sciences* 125 (1998): 407-13.

Gelcich, S. , T. P. Hughes, P. Olsson, C. Folke, O. Defeo, M. Fernandez, S. Foale, L. H. Gunderson, C. Rodriguez-Sickert, M. Scheffer, R. S. Steneck, and J. C. Castilla. "Navigating Transformations in Governance of Chilean Marine Coastal Resources. " *Proceedings of the National Academy of Sciences of the United States of America* 107 (2010): 16794-99.

Gutierrez, N. L. , R. Hilborn, and O. Defeo. "Leadership, Social Capital and Incentives Promote Successful Fisheries. " *Nature* 470 (2011): 386-89.

Orensanz, J. M. , and A. M. Parma. "Chile—Territorial Use Rights: Successful Experiment?" *Samudra* 55 (2010): 42-46.

San Martín, G. , A. M. Parma, and J. M. Orensanz. "The Chilean Experience with Territorial Use Rights in Fisheries. " In *Handbook of Marine Fisheries Conservation and Management*, ed. R. Q. Grafton, R. Hilborn, D. Squires, M. Tait, and M. Williams, 324-37. Oxford: Oxford University Press, 2009.

Townsend, R. , and R. Shotton. "Case Studies in Fisheries Selfgovernance. " FAO Fisheries Technical Paper 504. Rome: Food and Agriculture Organization of the United Nations, 2008.

12. 非法捕捞

Agnew, D. , J. Pearce, G. Pramod, T. Peatman, R. Watson, J. R. Beddington, and T. J. Pitcher. " Estimating the Worldwide Extent of Illegal Fishing. " (2009). PLoS ONE e4570. doi: 10. 1371 /journal. pone. 0004570.

Knecht, G. B. *Hooked: Pirates, Poaching and the Perfect Fish*. Emmaus, PA: Rodale Press, 2006.

Lack, M. *Continuing CCAMLR's Fight against IUU Fishing for Toothfish*. WWF Australia and TRAFFIC International, 2008. http://www.wwf.or.jp/activities/upfiles/08-Continuing_CCAMLRs_Fight.pdf.

13. 拖网捕捞对生态系统的影响

Collie, J. S., S. J. Hall, M. J. Kaiser, and I. R. Poiner. "A Quantitative Analysis of Fishing Impacts on Shelf-sea Benthos." *Journal of Animal Ecology* 69, no. 5 (2000): 785-98.

Hiddink, J. G., S. Jennings, M. J. Kaiser, A. M. Queirós, D. E. Duplisea, and G. J. Piet. "Cumulative Impacts of Seabed Trawl Disturbance on Benthic Biomass, Production, and Species Richness in Different Habitats." *Canadian Journal of Fisheries and Aquatic Sciences* 63, no. 4 (2006): 721-36.

Jennings, S., and M. J. Kaiser. "The Effects of Fishing on

Marine Ecosystems. " *Advances in Marine Biology* 34 (1998): 201-352.

National Research Council. *Effects of Trawling and Dredging on Seafloor Habitat*. Washington, DC: National Academy Press, 2002.

Pitcher, C. R. , C. Y. Burridge, T. J. Wassenberg, B. J. Hill, and I. R. Poiner. "A Large Scale BACI Experiment to Test the Effects of Prawn Trawling on Seabed Biota in a Closed Area of the Great Barrier Reef Marine Park, Australia. " *Fisheries Research* 99, no. 3 (2009): 168-83.

Sainsbury, K. J. "Application of an Experimental Approach to Management of a Tropical Multispecies Fishery with Highly Uncertain Dynamics. " *Ecology* 193 (1991): 301-20.

Sainsbury, K. J. , R. A. Campbell, R. Lindholm, and A. W. Whitlaw. "Experimental Management of an Australian Multispecies Fishery: Examining the Possibility of Trawl-induced Habitat Modification. " In *Global Trends: Fisheries Management*, ed. E. K. Pikitch, D. D. Huppert and M. P. Sissenwine,107-12. Seattle: American Fisheries Society,1997.

Watling, L. , and E. A. Norse. "Disturbance of the Seabed by Mobile Fishing Gear: A Comparison to Forest Clearcutting." *Conservation Biology* 12,no. 6 (1998):1180-97.

14. 海洋保护区

Hilborn, R. , K. Stokes, J. J. Maguire, T. Smith, L. W. Botsford, M. Mangel, J. Orensanz, A. Parma, J. Rice, J. Bell, K. L. Cochrane, S. Garcia, S. J. Hall, G. P. Kirkwood, K. Sainsbury, G. Stefansson, and C. Walters. "When Can Marine Reserves Improve Fisheries Management?" *Ocean Coastal Management* 47 (2004):197-205.

Jennings, S. "Role of Marine Protected Areas in Environmental Management." *ICES Journal of Marine Science* 66 (2009):16-21.

National Research Council. *Marine Protected Areas: Tools for Sustaining Ocean Ecosystems.* Washington, DC: National Academy Press,2001.

Norse, E. A., C. B. Grimes, S. Ralston, R. Hilborn, J. C. Castilla, S. R. Palumbi, D. Fraser, and P. Kareiva. "Marine Reserves: The Best Option for Our Oceans?" *Frontiers in Ecology and Evolution* 1 (2003): 495-502.

Wood, L. J., L. Fish, J. Laughren, and D. Pauly. "Assessing Progress towards Global Marine Protection Targets: Shortfalls in Information and Action." *Oryx* 42 (2008): 340-51.

15. 捕捞对生态系统的影响

Carpenter, S. R. and J. F. Kitchell, eds. *The Trophic Cascade in Lakes*. Cambridge: Cambridge University Press, 1993.

Carpenter, S. R., J. J. Cole, J. F. Kitchell, and M. L. Pace. "Trophic Cascades in Lakes: Lessons and Prospects." In *Trophic Cascades*, ed. J. Terborgh and J. Estes, 55-70. Washington, DC: Island Press, 2010.

Pikitch, E. K., C. Santora, E. A. Babcock, A. Bakun, R. Bonfil, D. O. Conover, P. Dayton, P. Doukakis, D. Fluharty, B. Heneman, E. D. Houde, J. Link, P. A.

Livingston, M. Mangel, M. K. McAllister, J. Pope, and K. J. Sainsbury. "Ecosystem-Based Fishery Management." *Science* 305 (2004): 346-47.

16. 过度捕捞现状

Branch, T. A. , O. P. Jensen, D. Ricard, Y. Ye, and R. Hilborn. "Contrasting Global Trends in Marine Fishery Status Obtained from Catches and from Stock Assessments." *Conservation Biology* 25 (2011): 777-86.

Hilborn, R. , T. A. Branch, B. Ernst, A. Magnusson, C. V. Minte-Vera, M. D. Scheuerell, and J. L. Valero. "State of the World's Fisheries." *Annual Review of Environment and Resources* 28 (2003): 359-99.

Hutchings, J. A. , C. Minto, D. Ricard, J. K. Baum, and O. P. Jensen. "Trends in Abundance of Marine Fishes." *Canadian Journal of Fisheries and Aquatic Sciences* 67 (2010): 1205-10.

Jackson, J. B. C. , M. X. Kirby, W. H. Berger, K. A. Bjorndal, L. W. Botsford, B. J. Bourque, R. H. Bradbury, R. Cooke,

J. Erlandson, J. A. Estes, T. P. Hughes, S. Kidwell, C. B. Lange, H. S. Lenihan, J. M. Pandolfi, C. H. Peterson, R. S. Steneck, M. J. Tegner, and R. R. Warner. "Historical Overfishing and the Recent Collapse of Coastal Ecosystems." *Science* 293 (2001): 629-38.

Lotze, H. K., H. S. Lenihan, B. J. Bourque, R. H. Bradbury, R. G. Cooke, M. C. Kay, S. M. Kidwell, M. X. Kirby, C. H. Peterson, and J. B. C. Jackson. "Depletion, Degradation, and Recovery Potential of Estuaries and Coastal Seas." *Science* 312 (2006): 1806-09.

Worm, B., R. Hilborn, J. K. Baum, T. A. Branch, J. S. Collie, C. Costello, M. J. Fogarty, E. A. Fulton, J. A. Hutchings, S. Jennings, O. P. Jensen, H. K. Lotze, P. M. Mace, T. R. McClanahan, C. Minto, S. R. Palumbi, A. Parma, D. Ricard, A. A. Rosenberg, R. Watson, and D. Zeller. "Rebuilding Global Fisheries." *Science* 325 (2009): 578-85.